国家安全知识简明读本

GUOJIA ANQUANZHISHI
JIANMING DUBEN

国家安全知识简明读本

环境危机与环境安全

范 纯 杨博超 著

国际文化出版公司

·北京·

目　录

绪 论

20 世纪以来，人类向自然索取了无以计数的资源，创造了前所未有的现代文明。然而，与之俱来的是大自然的疯狂报复和环境安全的日益恶化。进入 21 世纪，全球气候变暖、臭氧层破坏、生物多样性锐减、空气污染、海洋污染及对海洋生态系统的破坏、有害有毒物质越境污染等全球性环境问题日益突出，引起人们的普遍关注。对每一个国家的国民来说，环境问题已成为拷问人类生存方式的哲学命题。

此外，环境问题还成为引发国际冲突的火种。发展中国家认为，发达国家在工业革命时期造成的污染和浪费对当今世界的环境问题，具有不可推卸的责任。更重要的是，发达国家不顾发展中国家的贫穷现实，要求其在处理发展与环保关系时要优先考虑环境，采取严格的环保标准，这无疑剥夺了发展中国家的发展权利，加深了双方的分歧。更有甚者，国家之间争夺淡水、土地、石油、矿物、海洋等自然资源的国际冲突不断，使环境问题成为影响国际关系的重大问题。

环境问题是指全球环境或区域环境中出现的不利于人类生存和发展的各种现象，大致分为原生环境问题和次生环境问题。前者是由自然力引起的环境问题，也称第一环境问题，如火山喷发、地震、洪涝、干旱、滑坡、海啸等。后者是由人类的生产和生活活动引起的生态系统破坏和环境污染，从而危及人类自身生存和发展的现象，也叫第二环境问题。本文讨论的环境问题是指次生环境问题。这类环境问题总体上分为国内的、区域的、全球的三个层次。发达国家因工业文明起步早，较早地尝试了国内环境问题和区域环境问题的苦头。现在来看，发达国家提出的解决环境问题的手段，有经济手段、法律手段、行政手段和教育手段。这些手段的使用使其付出较大成本，但最终结果却事与愿违，国内环境问题发展成区域环境问题，进而上升为全球性环境问题。

大气污染、水污染、土壤污染、噪声污染等工业污染，作为客观存在的国内环境问题，与沙漠化、森林消失、海洋污染等区域性环境问题交织，加上气候变暖、臭氧层破坏、生物多样性锐减等全球性环境问题的参与，使客观存在的环境问题上升到主观认识的环境危机。可以说，各类环境问题的交织，产生了复杂而广泛的恶劣影响，严重破坏了的地球生态系统，威胁人类的生存安全。针对当前愈演愈烈的环境污染和生态破坏态势，各国有识之士从哲学、伦理学、经济学、管理学等多个学科视角，积极探讨化解环境危机的对策。本文就是在这样的背景下，通过梳理环境问题、环境危机，从伦理、政策、法律、治理四个层面进行粗浅分析，目的在于深入省思人类自身行为导致的恶果。解铃还需系铃人,面对自然资源的耗竭、生物物种的灭绝、自然环境的污染，人类应当自省，应当学会尊重自然，应当自觉维护生态安全。

环境问题的出现有着深刻的思想根源。解决环境问题，需要从深层次上变革人们的思想观念。生态哲学的意义，就是要实现人类思想观念的生态化，实现人们思想观念的生态转向，将人视为自然的组成部分，视为生态系统的组成部分，在富有生态意蕴的思想观念指导下，使人类的实践行为理性化，缓解人与自然的紧张状态，最终实现人与自然和谐发展。环境危机的根本原因，不是简单的人口膨胀问题，也不是技术失控问题，更不是偏颇的消费方式问题。危机的根源在于法律固守人类社会关系而漠视自然的紊乱，其背后隐藏的是基本价值观的危机。想解决环境问题须变革传统的以人类为中心的态度，从伦理层面重新阐明人与自然的关系，即人类应该尊重生物生存、自主以及生态安全的权利。有人将环境危机的根本原因归结为资本制度，因为资本的求利性往往会影响人的生态理性，而资本制度本身就是在人类中心主义思想观念下孕育、诞生、成长、壮大起来的，很难真正改变。反资本制度莫不如反人类中心主义。

对一个国家来说，克服环境危机、确保环境安全是一个必须面对的重大课题。环境安全是主权国家在一定历史阶段，采取各种政策和法律措施保障环境状况和环境利益不受威胁，保持稳定、均衡和持续发展的一种状态。环境安全对国家的稳定和发展，对国民的生存繁衍和富裕起到维持和促进作用。环境安全追求的目标是“自然—社会—经济”复合型生态系统的整体结构的优化，维护生态系统的整体性，在不突破生态系统承载力的前提下，合理使用自然资源，保护生物多样性。环境安全需要一系列的措施加以保障，如建立保障国家环境安全的决策体系，发展循环经济，充分利用市场机制，动员社会力量，提高环境安全意识，建立环境安全的全民参与体系等。环境安全不仅是一个国内问题，更是一个国际问题，仅靠单个国家的努力无法实现真正的环境安全，还需推进国际环境合作。

迄今，不少国家高度重视环境安全，已将环境治理从一国范围扩展至全球范围。制定正确的环境战略，开展环境外交，塑造对环境负责任的国家形象已成为各国追求的目标。

中国政府高度重视环境问题，坚持“科学发展观”、构建“和谐社会”、建设“和谐世界”等战略主张，均包含着重要的环境思想。当然，科学发展观指导下的中国，环境治理模式还需要完善，需要依靠体制机制的创新，依靠产业结构的调整，依靠经济发展方式的转变、依靠国民素质的提高、依靠科学技术的进步，实现环境安全。

需要强调，环境危机正严重威胁着整个人类的生存。摆脱环境危机，维护人类生存安全，需要各国加强合作，需要全人类共同努力，需要转变传统的陈旧观念、吸取新型生态伦理思想，出台绿色制度，约束人类的非环境行为，这样才能从根本上解决环境危机。

第一章　环境问题：威胁人类安全的客观存在

当人类的经济活动对自然环境造成破坏，人类和生物赖以生存和发展的生态环境结构和状态就会发生变化，以环境污染、资源耗竭等为表征的环境问题就会浮现出来。人为的因素使各种污染物进入自然界，超过了自然界容量的极限，使大自然不再发挥原有功能，开始反过来对人类产生破坏作用。人类在开发利用自然资源时，超出了环境自身的承载能力，使生态环境恶化，出现自然资源枯竭等现象，威胁人类繁衍和社会的可持续发展。

第一节　环境问题的表现

环境问题是指影响人类生活的环境污染与环境破坏，尤其是环境污染，已成为人类生存的严重危机之一。我国的环境问题比比皆是，形势不容乐观。环境问题的危害，对社会稳定、国家安全、国际关系等构成严重威胁。

一、人类面临的环境问题

目前，人类面临着十大环境问题[1]：

（一）人口膨胀。世界人口已达 70 亿，预计 2050 年将达 90 亿。

（二）能源危机。目前世界三大化石能源占全球使用能源总量的 90%，预计 2050 年三大化石能源将基本耗竭。

（三）森林面积锐减。自 1950 年以来，全世界的森林已损失过半，森林面积锐减造成水土流失，旱涝灾害增加，气候异常，大批物种消失，温室效应加剧。

（四）土地荒漠化严重。不仅破坏土地资源，还导致物种消失。

（五）自然灾害频发。主要有旱涝、海啸、台风、地震、山体滑坡等。

（六）淡水资源日益枯竭。许多国家饮用水资源不足，全球有 20 亿的人饮水得不到保证。

（七）温室效应加剧。地球上温度不断升高，使世界处于毁灭性气候混乱状态边缘。

（八）臭氧层破坏。强烈的紫外线辐射损害人和动物的免疫系统。

（九）酸雨出现频繁。使水体和土壤酸化，动植物死亡，腐蚀建筑物、铁路和桥梁等设施。

（十）污染物排放量剧增。严重的大气污染给人类的健康带来损害。

[1] 冯翠娟：《环境问题现状及对环境问题的哲学思考》，载《甘肃科技纵横》，2011 年第 2 期，第 84 页。

上述列举的环境问题，只是一种泛指，未具体限定在国内环境问题、区域环境问题及全球性环境问题中的某一个层面。需要指出的是，随着人类生产和商业活动的加强，开发自然的能力的进步，全球性环境问题已构成人类社会普遍面临的严重威胁。这些环境问题相互联系、相互影响，不仅给自然界带来巨大的破坏，直接影响到人类的生存质量，一定程度上还影响到世界的和平与稳定。目前发达国家与发展中国家之间因生态环境而引发的摩擦和冲突时有发生，已构成对国家利益的直接威胁。

二、我国面临的环境问题

我国是一个发展中国家，随着全球化的加快，生态环境与经济增长的矛盾日益激烈，尤其是环境污染十分突出。

（一）大气污染十分严重。大气污染是指人类活动向大气排出的各种污染物，超过环境承载能力，使大气质量恶化，使人们的工作、生活、健康、财产遭受恶劣影响。

（二）水体污染严峻。我国水污染呈现污染源多样性、危害多元性、危害流域整体性和流域差异性等特征。水污染分为点源污染和面源污染。点源污染主要有工业废水和生活污水；面源污染主要有水流交通的油污、水土流失、牲畜粪便等。从对全国七大水系的监测情况看，一半以上的监测河段污染严重，86% 的城市河段水质超标，不符合饮用水标准的达70%。地下水受到不同程度的污染，湖泊、水库的富营养化严重。

（三）土壤遭受污染，土壤状况不断恶化。土壤受到农药、化肥、固体废弃物等污染，造成了严重的生态破坏和经济损失。

（四）生物多样性受到严重破坏，野生动植物丰富区面积不断减少，珍惜物种栖息地环境恶化，乱捕滥猎和乱挖滥采现象屡禁不止，野生动植物数量和种类骤减，生物安全令人担忧。[1]

[1] 林群慧、金时：《新环境问题研究》，中国环境科学出版社，2005 年 11 月版，第 196 页。

（五）噪声和固体废物污染加剧。全国有三分之二的城市居民生活在超标的噪声环境中，工业固体废物产生量呈上升趋势，综合利用程度低，对环境已造成很大危害。

（六）能源、资源储量不足，能耗高，资源利用率低，污染严重，资源、能源供应日益紧张。

我国的环境污染问题目前还没有得到根本的遏制，同时还会继续扩大。如果不及时采取切实有效的措施，将在很大程度上抵消经济建设和改革开放的成果。

从我国城市环境问题现状看，长期以来，我国能源结构以煤为主，各城市主要燃煤量在整个能源结构中占 80% 以上，产生了大量的烟尘、二氧化硫等污染物，同时，机动车保有量快速增长，大、中城市出现了严重的机动车尾气污染，形势严峻。随着城市的发展，城市水资源短缺和水污染问题，将成为最紧迫的环境问题。城市水污染主要由工厂排水和居民生活污水造成，近年来，城市居民生活污水排放量年增长率为 7%。由于城市增长过快，城市用水需求也大幅增加，已出现严重缺水城市五十多座，影响工业产值。城市固体废弃物产生量大，增长速度极快，城市生活垃圾无害化处理率极低，不仅影响城市景观，也容易滋生病菌。噪声已成为城市一大公害，严重影响人们的生活和健康，我国城市区域环境噪声达标率不到 50%，社会生活噪声呈明显的上升趋势，影响人们身心健康。[1] 城市基础设施建设欠账多，排水设施落后。城市没有通风廊道，热岛效应严重，热量散发缓慢。现在不少城市建筑物采用大块的反光玻璃镜面装饰门面，造成强烈的光污染。需要指出，城市绿地是城市生态系统的重要组成部分，它由城郊农田、城郊天然植被和市区园林绿地三部分组成，对促进城市的发展生产和保证居民生活有着不可替代的作用，对城市生态环境系统内的物质循环具有十分重要的意义。但由于城市发展建设，植被逐渐不断地被砍伐，城市绿地的环境功能正逐步丧失。

[1] 姚勇、于泳：《城市环境问题分析》，载《黑龙江科技信息》，2008 年第 11 期，第 118 页。

而我国农村环境问题也十分严峻，点源污染与面源污染共存，生活污染和工业污染叠加，各种新旧污染相互交织，工业及城市污染向农村转移。[1] 因农村经济快速发展，农村环境污染和生态破坏问题日益突出，农药、化肥、农膜污染加剧，秸秆焚烧、污水灌溉和养殖业污染日趋严重，乡镇工业污染蔓延，农业生态系统退化，植被破坏、土地退化严重等问题成为影响农村可持续发展的重要因素。我国农村环境污染主要有五大污染源：一是农民生活垃圾，全国农村每年产生生活垃圾和生活污水，绝大多数没有处理；二是工业污染，部分乡镇企业生产工艺落后，设备简陋，生产过程粗放，在众多乡镇企业中，以制砖、铸造、水泥、炼焦等行业居多，一般没有污染治理设施，二氧化碳排放量较大，占全国的六分之一；三是农业污染，如各种农药、化肥对土地的污染，进而造成地表水富营养化和地下水污染；四是养殖业、加工业等的污染，我国每年畜禽粪便未经有效处理直接排入水体的现象时有发生；五是城市生活垃圾和工业污染向农村的转移。从一定程度上来说,城市环境的改善是以牺牲农村环境为代价的，城市大部分垃圾都是在郊外填埋和堆放，使得城市周边地区要承受农村、城市垃圾的双重压力，[2] 加剧了农村生态环境的恶化。总之，农村环境污染不仅影响农村居民的生活质量，还会影响农业生产活动，粮食、蔬菜、水果等更容易受到污染，对当地自然环境造成影响，对城市生活造成影响，影响到城市居民的米袋子、菜篮子安全，秸秆焚烧还会对城市空气质量造成影响。

三、环境问题的危害

20 世纪 90 年代以来，人类所面临的环境污染和资源短缺等环境问题已成为非传统意义上的安全因素，可以说，环境问题破坏了人类生存家园，

[1] 李晓瑞：《我国农村环境问题浅析与对策》，载《山西农业科学》，2008 年第 36 卷第 12 期，第 138 页。
[2] 陈琳：《我国农村环境污染问题研究》，载《安徽农业科学》，2010 年第 38 卷第 31 期，第 17672 页。

危害了身体健康，对人类生存安全构成了新的威胁。[1]

（一）气温上升将使全球沿海地区遭受巨大灾害。因二氧化碳排放量过大，地球正在升温。本世纪末全球温度还将上升 1.6℃~ 5.5℃。届时南北极冰山的消融，会使全球海平面上升，全球沿海地区将遭受巨大灾害，太平洋地区数十个岛国将面临消失的厄运。同时，频繁的自然灾害破坏着人类的生存家园，洪水、暴雨、旱灾、森林大火、飓风、热浪等极端气候日趋频繁，愈演愈烈。流行性传染病大量传播，世界卫生组织预测，未来 25 年内，全球因气候异常灾害丧生的人数，每年将高达 30 万人。

（二）严重的大气污染成为肺癌高发的元凶。随着城市化进程的加快，大气污染给人类带来的健康问题也越来越严重。空气中的烟尘使喘患的发病率升高，可引起支气管炎、尘肺等疾病，并致使胎儿出生后畸形的概率上升。世界经合组织编写的《中国环境绩效评估》预测，到 2020 年，由于污染，中国城市地区约 60 万人过早死亡，每年 2000 万人患上呼吸道疾病，550 万人患上慢性支气管炎。造成大气污染的元凶主要是工厂废气和汽车尾气。中国每年空气污染导致 1500 万人患上支气管病，严重损害了身体健康。

（三）水质污染成为危害公众健康的巨大杀手。由于工业污染物大量排放，超过 80% 的垃圾和污水得不到有效处理，水污染导致甲肝、伤寒、血吸虫等疾病流行。污水、食品污染引发的肝癌、胃癌成为人口死亡的主要原因。据统计，每年世界上约有 12 亿人因饮用被污染的水而患上多种疾病，有 2500 万名以上的儿童因饮用被污染的水而死亡，因水污染引发霍乱、痢疾和疟疾等传染病的人数超过 500 万。

（四）土壤污染危害健康。土壤是重金属、大气颗粒物、固体废物等各种污染物质的归属地。污染物进入土壤后很难分解，经水、气、生物等介质传输，通过呼吸、饮水、饮食、皮肤吸收等途径进入人体，给人类带

[1] 李锐锋、潘敏：《论环境问题对社会安全的影响》，载《海军工程大学学报》（综合版），2010 年第 1 期，第 74 页。

来了极大的健康威胁。大多数城市近郊耕地生产出的粮食、蔬菜、水果等农产品中，镉、铬、铅等重金属含量超标或接近临界值。土壤污染的危害相当严重，对人类健康、农作物和植被的生长、生态系统等产生恶劣影响。有些污染的土地甚至具有放射性危害，对人类健康以及其他生物的生存造成威胁。

四、环境问题的影响

（一）环境问题影响社会稳定。环境危机事件的出现对当前社会秩序是一种冲击和破坏，造成一定范围内和不同程度上的利益损害。[1] 当环境问题成为影响公众健康的最大威胁时，由此引发的各种纠纷、群体冲突也在日益增多。从近几年来看，因为环境问题引发的一系列群体性事件以平均每年 20% 的速度在增加。2005 年我国发生的污染纠纷 5.1 万起。2006 年我国各类突发性环境污染事件平均每两天发生一起。环境污染已经成为影响社会公平、稳定的重要因素。当环境问题成为危害民生的重大问题时，当人民群众无法饮用干净的水、呼吸清洁的空气、食用放心的食物，当他们对日常生活忧心忡忡，这时便会积聚影响社会稳定的重大祸患，对构建和谐社会提出了严峻挑战。当环境跨界污染时，会引起不同地区的民众冲突；当企业肆无忌惮地排污时，会引起民众与企业的冲突；当政府对污染治理不作为时，也会引起民众与政府的冲突。这些冲突会借助网络、手机等现代信息传播技术，迅速产生放大冲突的效应，如果被某些敌对势力利用，就可能会超出环境问题的范围，导致社会矛盾的总爆发。

（二）环境问题影响政治稳定。政治稳定体现在政权的稳定、政局的稳定、政府的稳定、政策的稳定以及社会政治心理的稳定等。2011 年 3 月的日本福岛核泄漏污染事件，就导致政局不稳，引发政权更迭。当环境问题累积到一定程度而引发环境冲突时，政治稳定会受到巨大的影响。一

[1] 魏亚萍：《如何利用风险社会理论应对环境危机》，载《环境保护》，2010 年第 6 期，第 38 页。

般来说，影响一国政治稳定的因素有许多，如经济、历史和文化因素等，但当代环境问题日益严重，它对政治稳定的影响也正日益强化。[1] 如果没有可以持续利用的生态资源和平衡的生态系统，经济的持续稳定健康发展是不可能的；如果没有稳定的经济发展，政治稳定也无从谈起。如果一国的经济发展因环境资源的减少或污染事件的突发而停滞甚至濒于崩溃，而政府短期内又无能为力的话，那么，人们的高期望就将遭受严重的打击，政治也将处在最不稳定的时刻。这种情形无论在发展中国家，还是在发达国家，都是不可避免。

（三）环境问题影响经济安全。经济发展需要以一定数量和质量的生态环境为重要基础条件。但长期以来，资源的掠夺性地开采、利用和破坏，环境的严重污染，使国家的环境和自然资源对经济持续发展的支撑力不足，尤其是环境污染造成的一系列生态环境问题，已对经济发展成直接威胁，影响了经济安全，[2] 其中土地退化、水土流失、荒漠化、植被减少等对人类构成了直接威胁。荒漠化造成农田和牧场退化，造成农作物产量下降。水资源供给水平的下降与农业耗水量的递增，对农业生产构成了威胁。水质退化、水资源污染、化学杀虫剂等都威胁着粮食安全。就中国情况来看，中国短期内可以保证粮食安全，但当 2030 年人口增长到 16 亿，粮食需求增加时，如果环境问题还没有重大改善，土地资源无法维持粮食生产，[3] 加上气候变化和动植物疾病等因素，粮食安全将受到严重威胁。需要指出，土壤污染也威胁经济发展和粮食安全，挑战可持续发展战略和国家环境安全战略。

（四）环境问题影响国家安全。环境问题可能导致经济崩溃，危及国家和民族的生存条件和发展基础。环境恶化对一个国家的威胁，比来自国外的军事、政治威胁更严重。由于生态环境资源的有限性和日渐稀缺，不

[1] 范俊玉：《当代生态环境问题的政治影响及其应对》，载《中州学刊》，2009 年第 2 期，第 1 页。

[2] 包晴：《中国经济发展中环境污染转移问题法律透视》，法律出版社，2010 年 4 月版，第 9 页。

[3] 杰瑞·马贝斯、杰妮弗·H. 马贝斯：《中国的环境问题与粮食安全》，载《国外理论动态》，2009 年第 5 期，第 75 页。

少国家为了争夺资源冲突不断，有时甚至挑起战争。此外，还有因跨界污染以及环境难民问题引起的国家间冲突。当然，这些冲突和战争不仅不能真正解决环境问题，反而会威胁国家安全。环境问题所引发的生态灾难对国家安全所构成的威胁甚至比传统战争更可怕。我们应该意识到，环境问题关系到国家的生死存亡，对百姓生活有着至关重要的影响。应当认识到，如果对资源的过度掠夺和索取，超出环境的承载能力，超出生态系统的自我调节能力，就意味着失去了对国民经济的支撑能力，势必导致国家经济的瓦解和崩溃。生态环境如果出现严重危机，民众就无法正常生存，就有可能导致一个国家和民族的灭亡。历史上的美索不达米亚文明、玛雅文明的衰落与消失，都与环境恶化、环境灾难密切相关。1991 年 8 月美国首次将环境安全写入新的国家安全战略，日本、欧盟、加拿大、俄罗斯等也相继将环境安全列入国家安全战略的重要目标。环境问题已被视为影响国家安全的重大问题。

（五）环境问题影响国际关系。全球环境问题的出现给传统的安全观带来极大冲击，对传统的国家利益提出质疑，[1] 进而影响国际关系。日趋严重的环境问题，不仅对各国自身的生态安全构成严重威胁，而且由此引发的生态冲突，将成为国与国之间政治、经济、外交乃至军事冲突的重要诱因，甚至危及地区与世界的和平与稳定，成为国际战争与冲突的导火索。导致巴以、叙以、黎以冲突的一个重要原因就是争夺水资源。水资源短缺问题在严重缺水的中东地区具有战略性意义，未来仍有为争夺水资源而发动战争的可能。同样，印度与孟加拉国之间，也因国际河道进行人为改道而出现纠纷。环境压力既是国际政治紧张和武装冲突的原因，也是它们的结果。随着全球环境问题的日益突显，由此引发的国家利益矛盾错综复杂，有关全球环境国际公约的谈判与博弈，成为各国争取和维护国家利益的重要着力点，甚至成为提高国家自身实力优势，抑制他国竞争力的重要手段。这一点在南北关系上表现十分明显，在应对全球气候变化大会的德班会议

[1] 乐波：《全球环境问题对国际政治的影响》，载《孝感学院学报》，2005 年第 1 期，第 114 页。

上，在承担全球环境污染的主要责任方面，发达国家与发展中国家的博弈与论战仍在持续，成为影响国际关系的一个重要因素。

第二节　环境问题的本质

准确认识环境问题的本质，可以为我们正确提出环境对策提供依据。当然，认识本质的前提，必须把握环境问题的历史发展、突出特征，全面分析环境问题的成因。需要指出，历史比较的方式，能让我们充分把握环境问题的社会性、破坏性、普遍性、客观性、复杂性特征。从经济、技术、人口等多重视角分析成因，可为我们找到正确认识环境问题本质的方位。

一、环境问题的历史演进

从古至今，人类不断认识自然、改造自然，脱离了蒙昧和野蛮的时代，创造了灿烂的农业文明和工业文明。生产力的发展在带来文明进步的同时，也带来了环境问题。可以说，环境问题自古有之，但不同的历史时期，环境问题的性质、范畴、内容和表现形式不尽相同。按时间顺序划分，环境问题可分为古代环境问题、近代环境问题和现代环境问题。

古代环境问题是从人类诞生至18世纪工业革命以前，属于环境问题的萌芽阶段。在农业文明发源地，过度的农业开发恶化了先天不足的生态环境，最终导致苏美尔文明、古巴比伦文明、玛雅文明的消亡。当时的主要环境问题表现为人们大量砍伐森林，毁坏草原，造成严重的水土流失。可以说，农业社会的环境问题主要是因为人们对自然资源的破坏造成的，但是限于人类当时对生态环境的认知水平，不可能认识到环境问题的严重性及影响。

近代环境问题是从工业革命到第二次世界大战结束，环境问题急剧发展、逐步恶化的阶段。人类的生产力在这一阶段得到前所未有的发展，人类活动对生态环境的作用和影响超出环境的承载力和自净力。这一阶段的环境问题表现在对自然资源的进一步开发导致了环境污染和环境破坏。人类与生态环境的关系建立在纯粹的人类中心主义的基础上，工业“三废”、煤烟污染、突发性环境污染事故和大规模生态环境破坏等，环境问题在这一阶段给人类带来了巨大损失。

现代环境问题是从第二次世界大战结束至今属于环境问题的全面发展和局部觉醒阶段。科技和经济的高速发展，随之而来的是日益严峻的世界五大问题：人口激增、资源枯竭、能源短缺、粮食匮乏和环境污染。五大问题的实质是生态失衡，这也是环境问题的具体表现。虽然可持续发展理论在这一阶段得以产生，但是环境问题依然严峻。人类只有联合起来，以现代新型环境伦理为指导，才能有效解决环境问题。[1]

二、环境问题的特征

众所周知,环境问题是一个社会问题。必然具有社会问题的五大特点，即社会性、破坏性、普遍性、客观性和复杂性。审视人类发展史，尤以工业文明时期的环境破坏和环境污染现象最为明显，且大为强化和突出。

具体而言，渔猎文明和农业文明时期的环境问题，同工业文明时期成为社会问题的环境问题相比较，在性质和表现形式上有以下不同：

（一）从内容构成来说，渔猎文明和农业文明时期，主要存在的是乱砍滥伐、过度渔猎、草原退化、土地盐碱化、荒漠化、水土流失等环境破坏现象，环境污染现象极少。而工业文明时期，大气污染、酸雨、臭氧层空洞、水体污染、固体废弃物污染、放射性污染、电磁污染、噪声污染、化学污染、生物污染、土壤污染、热污染、光污染等现象大大增加，成为环境问题的重要组成内容。

（二）从社会性来讲，渔猎文明和农业文明时期，环境破坏和环境污

[1] 杨树明:《生态环境保护法制研究》，西南师范大学出版社，2006 年 11 月版，第 12 页。

染现象的控制和解决依靠的力量较为单一，影响范围也相对较小。工业文明时期，环境破坏和环境污染现象成因较为复杂，控制和解决依靠的力量较为多元，影响范围较广。

（三）从复杂性来讲，渔猎文明和农业文明时期，环境破坏和环境污染现象较为简单，是相对独立存在的现象。工业文明时期，环境破坏和环境污染现象较为复杂，常常与政治、经济等问题纠结在一起。

（四）从破坏性来讲，渔猎文明和农业文明时期，污染源和污染物较为单一，破坏性相对较小，基本在环境可以承载的范围内，受损环境通常可以在较短时间内得到恢复，具有可逆性。工业文明时期，污染源和污染物多样，破坏程度深、影响范围广、作用时间长，超出了环境容量和环境可承载范围，在相当长的时间内受损环境难以恢复甚至不可恢复，具有不可逆性。

（五）从普遍性来讲，渔猎文明和农业文明时期，环境破坏和环境污染现象具有偶发性，而且局限于某一地区，并未引起人们的广泛关注。工业文明时期，环境破坏和环境污染现象具有频发性，广泛存在于各个国家和地区，受到了人们的广泛关注。

从社会学方面分析，环境问题是具有社会性、破坏性、普遍性、客观性、复杂性的环境破坏或环境污染现象，特指发生在工业文明时期的环境破坏或环境污染行为。发生在渔猎文明和农业文明时期的环境破坏和环境污染现象仅仅是一种现象，不属于环境问题范畴。

三、环境问题的成因

从社会学角度分析环境问题的成因，可从城乡二元社会结构失范、政府权力运行失范、社会价值取向失范角度入手，当代中国环境问题是一个由于社会结构、社会体制以及思想意识形态等都处在转型时期而导致的结构、制度、文化、价值等多重失范的结果。[1] 核心是环境公平问题，一部

[1] 聂火云、杨学龙：《我国环境问题的社会根源与理论根源探析》，载《求实》，2009 年第 3 期，第 52 页。

分人从中受益,另一部分人从中受害。但是环境问题生成的原因是多方面,往往经济学的分析和解释更具穿透力。

（一）制度经济学理论为我们分析环境问题的成因，从市场和政府两个层面提供了分析框架，具有很强的说服力。同时，证明环境问题也是经济问题，是由市场失灵、政府失灵等引发的结果。

从市场层面看,市场机制可以优化配置资源,实现帕累托最优。然而,实现帕累托最优，需要一系列严格的假设，比如完全竞争、完全信息、完全理性、不存在外部性等。当上述假设部分或全部不成立时，资源的配置将缺乏效率，从而出现市场失灵。在环境方面，一些假设并不成立，由此导致市场失灵和环境问题的产生。

（1）外部性导致的环境压力。外部性是企业或个人行为对活动以外的企业或个人的影响，即对第三者的影响。外部性理论提出“外部经济”和“外部不经济”的概念，前者指正面的外部性，具体指某个经济主体的行为,使他人或社会受益,如养蜂业对果树种植的影响;后者指负面的外部性,即经济主体行为使他人或社会受损，如工厂向大气和水流排放污染物，使环境遭到破坏，其后果由社会公众承担。当存在外部性，又缺乏合理的制度安排的前提下，企业或个人不会自觉减少环境污染或产生提供更多环保产品的动力，会导致资源的过度利用、污染物的过度排放及环保产品的不充分供给。

（2）公共物品造成不理性消费对环境的影响。公共物品指提供给某个消费者使用，而他人不必另付代价便可同时享用的产品。公共物品具有三个特征：效用的不可分割性、消费的非竞争性和收益的非排他性。环境资源显然属于公共物品，这一属性导致了人们对环境资源的无限制地劫掠式开发和使用。不仅如此，公共物品的存在还产生“搭便车”问题。因为只要没人能够被排除或应该被排除，理性的消费者就不会为消费公共物品而付费。消费者不付费，私人企业赚取不到利润，就不愿意提供公共物品。结果，自由市场不能提供公共物品或提供过少的公共物品。

（3）信息不对称引起公平缺失对环境的压力。环保方面的信息不对称表现在：污染者对其排污状况、污染物危害等方面的了解往往比受污染者要多，但受经济利益驱使，常会隐瞒这些信息。受污染者拥有的相关信息少，想“讨回公道”，需要付出很大的信息成本。决策者由于没有关于污染损失及减污成本的可靠数据，故不可能设计出既有效率又不失公平的政策。信息的缺乏使市场无法完美运作，出现市场失灵。

（4）市场竞争不足产生的资源无价对环境的影响。研究发现，很多资源市场根本不存在，或未发育成熟，这些资源的定价为零，导致资源被过度使用，日益稀缺。一些资源市场上，卖者和买者的数量很少，缺乏必要的竞争。市场竞争不足，导致资源定价将过高或过低。例如，长期以来，我国水价过低，造成了水资源的浪费。

从政府层面看，政府失灵是环境恶化的又一个重要原因。环境问题的政府失灵既体现为政府决策的不当，亦表现为国家环境监督管理的不力和缺位。就决策而言，因各政策在部门间的协调不足，致使经济目标与环保部门目标冲突时，往往会因经济目标而放弃环境目标，从而影响部门间的协调与合作及环境法的实施效力。另外，在环境监督管理中寻租行为的广泛存在，也将使污染者、受污染者与环保机关间存在非正当的博弈动机。[1]也就是说，政府本身也存在利益倾向。事实上，政府由一系列具有不同结构、动机、利益刺激和操作层面的分部门主体组成。政策并不仅仅由不受个人经济或政治利益影响的追求社会福利最大化的利他主义者制定，而且是在复杂的政治和经济利益作用下形成的。由此会出现官员接受贿赂、官商勾结、包庇浪费资源、破坏环境等。更重要的是，制度挤出效应。制度理论显示，当一种制度破坏另一种制度时，它们之间的关系就形成挤出效应。在制度挤出理论看来，环境保护中存在着制度挤出现象。不考虑制度挤出的环境保护政策，会使环境问题有可能变得更加严重，或导致次优的

[1] 鄢斌：《社会变迁中的环境法》，华中科技大学出版社，2008年7月版，第235页。

环境政策选择。[1]

（二）环境问题的生成也有技术原因，技术不同的使用者对环境可能造成不同的后果。

环境破坏和环境污染之所以在今天得以集中、大规模爆发，除市场失灵和政府失灵外，技术因素在环境问题产生过程中起了十分重要的作用。迄今，人类社会经历了四次技术革命，使人类获得了以特定技术为核心的新工具和新手段。比如第一次技术革命，形成了以蒸汽动力为核心的技术体系，出现了“珍妮”纺纱机、蒸汽机等新技术，实现了生产方式从手工作坊向机械化的转变。应当肯定，技术变化是环境变化的一个重要变量。现在工业社会里不断增加的环境恶化，是由技术变化引起的单位产量对环境影响的不断增加。对比各个时期，工业社会时期技术对人类改造自然能力的影响，从广度和深度而言，均是史前时期和农业社会时期的技术所不能比拟的。正因为如此,工业社会时期人类也遭遇了前所未有的环境危机。人类使用冰箱、空调，火箭、飞机在对流层飞行，都会产生氟氯烃等，对臭氧层造成破坏，形成臭氧层空洞。由于炼油厂、热电厂和冶炼厂的生产活动，大量的二氧化硫、氮氧化合物排入大气，形成酸雨。应当说，技术是一把“双刃剑”，它极大地拓展了人类的活动空间，增强了人类征服自然和改造自然的能力，促进了社会的繁荣与进步。但也应当看到，技术在不同使用主体使用的时段，有的使用者为了自身利益不惜以技术为手段实现利益的最大化，在资源与利润的获取中，使环境出现了前所未有的恶化。伴随着技术的进步，污染源和污染物趋于多样，污染空间日益扩大，破坏程度日益加深。

（三）环境问题的生成也有人口因素原因。受特定历史社会条件的制约，人的素质与能力有一定的局限性。由于人的有限理性，环境破坏行为似乎总是不可避免。人们对环境的认识是一个渐进的过程，在对环境还没

[1] 王勇、赵玉民:《环境问题的归因分析》，载《西南民族大学学报》（人文社会科学版），2010 年第 12 期，第 126 页。

有足够的科学认识之前，行为的非理性是难以避免的；即使已经认识到环境问题的严峻性和重要性，由于经济社会发展条件的制约，在环境保护和经济发展之间人们还是会作出不利于前者的替代选择；即使上述两个问题都不存在，人的机会主义倾向，也会产生有损环境的行为。工业化之后世界人口的爆炸性增长给环境带来的影响体现在：第一，地球环境资源人口承载力的合理限度是110亿，或者略多一些。也就是说，国际社会如不采取有力的控制措施，两代人后全球人口数量将超过地球合理容量的上限；第二，随着人口激增，生活污染物排放量相应激增，这对治污设施构成巨大需求，在需求得不到满足的情况下，环境质量的下降便不可避免；第三，面对庞大的人口数量，一方面，规模性的工业活动不得不进行，所排放的三废超出环境容量，恶化了人类的生存环境。另一方面，土地、淡水资源相对显得短缺，为满足基本需求，人们不得不竭力扩大耕地，于是导致乱砍滥伐、毁林开荒、围湖造田等环境破坏现象的出现。[1]

（四）环境问题的生成还有发展模式选择层面的原因。近年，压缩型工业化范畴的提出，为我们解释了各国环境问题出现差异的根源。联合国开发署环境问题专家康纳指出，早期发达国家经历了几个世纪完成的工业化，在东亚国家却只花了数十年，与发达国家相比，发展中国家的工业化进程被大大压缩，过程显著缩短，这种缩短的工业化被称为“压缩型工业化”。压缩型工业化道路的典型特征是工业化进程超速发展，产业结构急剧转变，资源环境问题复杂严峻。压缩型工业化社会的环境问题具有两个典型特征：第一，环境问题在时间和空间上形成叠加。压缩型工业化社会既有与贫困落后相关联的环境破坏问题，也有尾气污染、温室效应、光污染等环境污染问题；既有本国的环境污染问题，也有通过对外投资和国际贸易从发达国家移植、转嫁过来的环境污染问题。第二，环境问题在生成上出现“聚变效应”。密集的开发活动、大规模的基础设施建设和高消耗、

[1] 王勇、赵玉民：《环境问题的归因分析》，载《西南民族大学学报》（人文社会科学版），2010年第12期，第128页。

高污染型的产业发展，给压缩型工业化国家生态系统造成了强大的生态胁迫压力，发达国家在过去上百年时间里分阶段出现的不同环境问题，在发展中国家同一时期多样并发出现。

总之，环境问题的产生，既有市场和政府方面的原因，也有技术、人口、发展模式层面的原因。因而，在解决环境问题时，应当综合治理。

四、环境问题的本质

环境问题表面上是自然环境出了问题，实际上是人类社会出了问题，是人类行为引起环境问题，因此，环境问题也是社会问题。环境问题形成的原因虽然十分复杂，但从根源上看还是思维方式问题，是社会公德问题，是环境伦理问题。思维方式是人类文化现象的深层本质，对人类行为起支配作用，它在很大程度上影响社会生活的各个方面，是人们认识问题、解决问题的基本方式。就我国环境问题而言，是由人类中心主义的世界观、形而上学的发展观、缺失公正的伦理观、重私德轻公德的道德观、以 GDP 论英雄的政绩观合力作用的结果。归根到底是世界观问题，世界观决定发展观、道德观和政绩观。[1] 因此，解决环境问题需要变革旧的思想观念和思维方式。

对于环境问题，我们还需要从本质上进行追问，分析其实质。一般来说，本质是指一事物本身所固有的内在规定性。从本质与现象的关系角度看，本质是现象得以显现出来的根本原因。因此，对环境问题本质的追问，亦即对其发生的根本性原因的探究。[2] 环境问题发生后，人们很快达成一种共识，即环境问题是人类不合理改造自然界活动所致，人类是环境问题的始作俑者。人类历史发展过程充分说明，人们按照什么样的方式来适应环境和生存，选择什么样的文化价值系统作为自己生活的导向，本质上是

[1] 贾凤姿：《我国环境问题产生的哲学思想根源》，载《社会科学辑刊》，2008 年第 1 期。

[2] 曹孟勤、何裕华：《追问生态危机的实质》，载《河北大学学报》（哲学社会科学版），2004 年第 4 期，第 9 页。

和他们如何认识自己以及认识自己的水准相一致的。因此，对环境问题的本质追问应该是对人性的追问。

应当说，环境问题从根本上暴露的是人性危机。环境问题乃至环境危机并不是由自然环境本身引起的,它是人的作品和人的现实,它作为“人化”自然界的一种结果，它不是对人本质的肯定，而是对人本质的否定。森林毁灭、土地沙化、河流干涸、洪水泛滥、空气污染、资源匮乏、垃圾成堆、温室效应、生物多样性降低等，现实自然界的这种恶结果不能说明人性之善，而只能证明人性之恶。正是人性对自然的恶，才有人类破坏自然环境的恶行为和生态环境危机的恶结果。自然环境的残破和恶化、生态平衡的人为破坏，其蕴涵的深层意义则是人对自然的恶。大地是人类的母亲，自然环境是人类生存的家园,人类之所以背叛母亲,与自己生存的家园为敌,是因为人类遗忘了自己的本真存在，在自然界面前迷失了自己的本性。因此,要想消除环境问题和生态环境危机,人类必须首先自省,走出人性危机。

环境问题的实质是人与自然和谐关系的被破坏，是人类沿着工业文明的轨迹向前发展的必然结果。工业文明的价值指针是狭隘的人类中心主义。这种狭隘的人类中心主义把人与自然对立起来，认为人是自然的主人和拥有者。自然被演绎成僵死的原料仓，毫无内在价值。人的使命就是去征服和占有自然，使之成为人类的奴仆，这种文明的指向就是不断满足人的欲望。因此，提高人类征服和掠夺自然的能力，使人们越来越膨胀的欲望得到满足，便成了近现代文明的基调。

人的欲望是无穷的，不受限制的欲望无疑是贪婪。一种文明如果把掠夺和征服自然视为自己的价值准则，那么，环境污染与环境危机的出现就必不可免。反思近现代文明，生态文明的理念便产生了。生态文明是在人类历史发展过程中形成的人与自然、人与社会环境和谐统一、可持续发展的文化成果的总和，是人与自然交流融通的状态，是人类社会继原始文明、农业文明、工业文明后的新型文明形态。生态文明观的核心是从人统治自然过渡到人与自然协调发展。它以人与自然协调发展作为行为准则，建立健康有序的生态机制，实现经济、社会、自然环境的可持续发展。要求人类用更为文明而非野蛮的方式来对待大自然，并在文化价值观、生产方式、生活方式、社会结构上体现出一种人与自然关系的崭新视角。

当今世界，随着人口增加，经济发展，资源的不断消耗，环境污染日益严重，生态环境日趋恶化。环境问题已不仅仅是一个地区、一个国家的问题，已演变成国家之间、政府之间、国际交往之间备受关注的全球问题，而且，环境问题也不单纯是环境问题，已涉及文化、经济、技术、法律等领域。全球环境问题已经威胁着人类的生存与发展，应对全球环境问题的挑战，人类需要反思，需要作出理性的选择。

第二章　环境危机：威胁人类安全的主观感受

当代的环境问题是人类实践活动的局限性、失当性和破坏性造成的，环境污染与资源瓶颈问题已成为21世纪人类面临的最严峻挑战，不仅影响生活质量，更直接危及人类生存与发展的基础。一般来讲，环境危机是指资源短缺、环境污染和生态破坏。一个国家的环境危机往往是一个国家社会危机和民族危机的先导。

第一节 环境危机的结构

20世纪60、70年代全球性生态环境危机加剧，凸显了人类生存的困境。环境危机是人类在追求生存和发展的过程中，由人类活动引起的环境污染与破坏，乃至整个环境的生态退化趋势和资源、能源面临枯竭的趋势。环境危机是人类不合理的活动，在全球规模或局部区域导致生态过程即生态系统结构与功能损害，生命维持系统瓦解，最终危及人类利益，威胁人类生存和发展的现象。[1]一定意义上，环境危机也称生态危机。可以认为，生态环境危机的实质是人类生存的危机。反思环境危机的根源，我们会发现，导致危机的总根源就存在于人类和人类的活动中，是由人类观念、人类本性、工业化文明、现代科学技术以及自由市场经济体制等因素相互关联而共同作用的结果。

一、当今世界环境危机的特征

10年前，我国学者陈泉生将环境危机的主要特征总结为全球化、综合化、高技术化、极限化。[2]10年后，我们发现环境危机的代际化和持久化明显地表现出来。总体来看，有以下特征：

（一）环境危机的全球化。过去，环境危机的影响范围、危害对象及后果，主要集中于污染源附近或特定的生态环境里，呈现局部性和区域性特征。而当前环境危机则超越国界，表现为全球化的特征。最为世人关注的温室效应、臭氧层破坏、酸雨等，其影响范围不但集中于人类居住的地球陆地表面和低层大气空间，还涉及到高空、海洋。一个国家的大气污染，特别是二氧化硫排放量过大，可能导致相邻国家或地区受到酸雨的危害。

[1] 白平则：《人与自然和谐关系的构建——环境法基本问题研究》，中国法制出版社，2006年5月版，第29页。
[2] 陈泉生：《当前环境危机的主要特征及其原因》，载《福州大学学报》（哲学社会科学版），2000年4月，第40页。

全球气候变暖，海平面不断升高，几乎对所有国家和地区，尤其是沿海国家和地区将造成毁灭性灾害。

（二）环境危机的综合化。20 世纪 50 年代以来，人们最关心的环境危机还是“三废”污染及其对健康的危害。但是，当前环境危机已经远远超出了这一范畴，涉及到人类生存环境的各个方面，包括森林锐减、草原退化、沙漠扩展、土壤侵蚀、城市拥挤等诸多领域，呈现综合化的特征。

（三）环境危机的代际化。如果将现在的环境危机，与 20 世纪上半叶的环境危机相比，会发现两个恶化趋势：

（1）从区域性小范围扩展到全球范围，环境污染从少数工业城市扩展到整个世界，从发达国家扩展到发展中国家。这其中的原因是发达国家把夕阳工业向发展中国家转移，同时，发展中国家为了自身的发展，过度开发，出现了经济发展和环境破坏之间的恶性循环。

（2）环境破坏从第一代环境问题扩展到第二代环境问题，从宏观损害扩展到微观损害。第一代环境问题主要指区域性小范围的环境污染；第二代环境问题主要指全球环境问题。所谓宏观损害是指人肉眼看得见的，如混浊的河流、浓密的黑烟、遍地工业废物等，而微观损害是指人肉眼看不见的，主要指化学污染物质排放到大气后，污染物通过呼吸或食物链进入人体，危害健康。进而，环境危机可分为第一代环境危机和第二代环境危机。

（四）环境危机的高技术化。众所周知，原子弹、导弹试验，核反应堆事故等对环境都会产生严重影响。1986 年 4 月 26 日苏联切尔诺贝利核电站发生爆炸，造成核污染，31 人当场死亡，273 人受到放射性伤害，13 万居民紧急疏散。事故产生的放射性尘埃随风飘散，使欧洲许多国家受害，估计受害人数不少于 30 万人。2011 年 3 月 11 日，日本福岛核电站发生的核泄漏事故，更是一场生态灾难，短期内对日本政治、经济、社会产生严重影响，长期性影响不可估量。[1] 核能发电是现代技术服务人类的集中体现，当然，技术越高级，发生预想外风险的概率就越高。

[1] 范纯：《简析日本核电安全的法律控制体系》，载《日本学刊》，2011 年第 5 期，第 47 页。

（五）环境危机的持久化。人类已进入现代文明时期，进入后工业化、信息化时代，但历史上不同阶段产生的环境问题，在当今地球上依然存在，同时，现代社会又滋生出一系列新的环境问题，形成人类社会出现以来各种环境问题在地球上的积累、组合、集中爆发的复杂局面。所有这些环境问题都需要很长时间才可能解决，有的甚至是永远无法解决。[1]

（六）环境危机的极限化。科学家认为，当前人类生存的环境已达到地球支持生命能力的极限。环境污染加剧，各种有害化学物质对大气、水体、土壤、植物的污染，造成不健康影响，二氧化碳等物质的肆意排放，造成温室效应、臭氧层破坏等全球性环境危机，可再生资源受到破坏，不可再生资源已过度使用。目前农业用地退化面积已达到35%。事实上，当前的环境危机都从不同层次，通过不同途径，并互相促进着形成一股推进环境恶化的合力，把环境承载容量推向边沿，使当前环境危机呈现出极限化特征。

二、环境危机的三层结构

环境危机主要是指人作用于自然而产生的失范行为。“个体主体”的过分张扬，“类主体”的缺位，是环境危机产生的根源。人既是环境危机的造成者，又是环境危机的受害者，还是环境危机的最终解决者。

（一）环境危机是人的失范行为，人是环境危机的制造者。总的来看，人与自然关系的发展与变化，表现为人对自然的依赖性和能动性。从人类进化的角度来说，人类是自然历史演化的产物，人类属于自然。从另一个角度看，人又有社会属性，人既依赖自然而生存，又是改变自然的主体。人类要改造自然不但要受自然条件的制约，同时也受当时生产力发展水平的制约，因此，人与自然的关系随着人类社会的发展而发生变化，在不同的时期有着不同的具体内容。在人类社会发展的初期，生产力水平低，人

[1] 金忠平：《国际环境危机分析》，载《市场周刊研究版》，2005年8月号下月版，第73页。

们对自然认识和改造的能力微乎其微，基本上处于狩猎和采集阶段，人对自然的依赖性强，受自然环境的制约明显。进入农业社会，人类生产活动直接作用于自然客体，人类对自然的开发大增，开发和破坏相伴而行。但是，当时的人类改造自然的活动还没有对自然造成大规模的破坏，人与自然的关系基本上处于相对和谐的“自然中心主义阶段”。进入工业社会，人们认识自然、改造自然的能力获得极大提高。然而，这一时期的自然，已不再是从前人们眼中不可侵犯的“神圣客体”,人类以自然的统治者自居，认为“人是万物的尺度”，然而，自然规律是客观的，是不以人的意志为转移的，人只有正确地认识和把握自然规律，充分发挥主观能动性，才能认识和改造客观环境，并使之趋向于人类自身；反之，人类对自然界的种种唯主观意志的失范性行为，就会造成整个生态系统的巨大破坏，就会遭到自然界的报复。严酷的现实要求人们冷静地审视人类社会的发展历程，在尊重自然规律及其内在价值的基础上来规范人类的实践活动，背客观规律去苛求自然界“为我”服务，必然导致环境危机。从这个意义上说，人是环境危机的造成者。

（二）环境危机是人的利己的个体本位思想意识的结果。人类从群体本位发展到个体本位，就逐渐地形成了一切从自我出发的自私自利的利己的思想意识。这种自私自利的利己的思想意识，又恰恰是导致环境危机的直接的思想根源。因此，人类要克服环境危机就必须改变人的这种一切从自我出发的利己本性。人的本性不是天生具有的,是由社会实践所决定的。而社会实践又是不断发展变化的，所以，人的本性也必将随着社会实践的发展而发展、变化而变化。今天，人类社会之所以产生了环境危机是由于人类正处于个体本位主导的时代，因为人的本性从过去的群体本位性发展到了现在的个体本位性。现在人的个体本位性在充分显示出人的活动的主体性，即个人的积极性、创造性和自主性的同时，也暴露出了这种个人主体性的严重弊端，现在这种个体本位主体已严重阻碍了人类社会的继续向前发展，威胁着人类社会的继续生存，因此，必须变革人类的这种个体主体性的主导地位。由于人的本性是可变的，而人类社会已经实现了从群体本位的主导地位向个体本位的转变，这是人自身发展所必须遵循的规律。但是这个规律也不可能自然而然地实现，要实现这个转变规律，就必须提高人自身的素质。[1]

（三）环境危机是人类文明发展到一定阶段的必然结果

生态环境危机是人类社会发展到一定阶段的必然产物。工业革命不仅是一次技术革命，也是一场深刻的社会变革，对人类社会的各个方面都产生了极其深远的影响。工业革命明显提高了社会生产力，同时也加速了生态环境危机的出现。工业革命是具有利弊二重性的“双刃剑”，不论对自然界还是人类自身都是如此。工业革命推动了人类文明更加迅猛地发展，同时也加速了对自然的破坏，加速了人类自掘坟墓的进程。关于工业革命与生态环境危机的关系，有人认为，生态环境危机归根结底不是由工业化引起的，而是由资本主义制度造成的。对此，也有相反观点，认为工业革命造成了生态环境危机，而与社会制度和经济体制无关，社会主义同样存在生态环境危机。生态环境危机是人类文明发展到一定阶段的必然结果。在这个阶段中，人类智慧和生产力（也可以是破坏自然的能力）发展到一定水平，但还没有达到可以正确认识自己与自然的关系并与自然和谐共处的高度。这种不足够高的智慧可以使人类获得足以伤害自然的力量，然而却不足以避免对自己的伤害。当然，生态环境危机不只出现在工业革命之后，只要有人类的扰动超出生态系统的自我恢复限度，这种危机就会出现。只是工业革命引发的生态危机更加迅猛、更加广泛。本文非常赞同这种观点，的确，工业革命这把“双刃剑”，推动了人类社会的发展，同时也加速了生态环境危机的到来，并使之更加深重。工业革命在提高生产力的同时，也相应地提高了人类对地球生态系统的扰动能力。目前全球主要的环境问题都直接或间接地与工业革命有一定的联系。例如，全球变暖、臭氧

[1] 王凤珍：《提高人的素质是解决环境危机的根本途径》，载《西南民族大学学报》（人文社科版），2003年第12期，第400页。

层破坏、酸雨，水、土壤和大气的污染，都是不当的工业生产造成的。森林锐减、土地荒漠化和生物多样性减少也是人类过度掠夺生产资源的恶果。

三、环境危机是各种因素综合作用的结果

从环境危机的发生机制来看，环境危机是由人和人在实践活动过程中展开和形成的各种因素相互关联而综合作用的结果。造成生态环境危机的根源有人类的观念、人类的本性、工业化文明、现代科学技术以及自由市场经济体制等。[1] 这些因素具有较强的互补性，共同作用，使环境危机在全球蔓延。

首先强调，对自然、对人与自然的关系，人类持有怎样的观念，就会引导和影响人类对待自然的实际行为。也就是说，人类怎样认识和看待自然和人与自然的关系，就会怎样对待自然，处理人与自然的关系，从而把人与自然的关系演变成怎样的实际关系。应该说，建立在现代工业文明形态上的整个现代性的思想观念系统，本质上是反自然、非生态化的，是以人与自然的分离和对立为前提，以人类征服自然、统治自然为价值取向，最终达到自然向人类生成、为人类目的服务的价值目标。这类观念不仅存在于思辨的哲学思想中，也成为现代人日常生活中的观念教条。

生态环境哲学学者指出，导致生态环境危机的哲学思想根源是还原论、方法论、机械化、自然观、二元论世界观、人类中心主义价值观以及人类征服自然、统治自然的目的论。这些观念是随 17 世纪西方工业文明兴起而同步形成，并随工业文明的发展而丰富和深化，最后演变成西方现代工业文明的核心观念；反过来，西方工业文明的蓬勃发展又得益于这些观念的支持。当工业化文明成为现代世界的一种普遍性的文明模式时，这些观念就或多或少地在世界范围内推广开来，有着深刻的影响力和广泛的影响面。

正是在这样的观念和态度的引导和支持下，在工业文明中，人类开始

[1] 庄穆：《生态环境危机之根源分析》，载《马克思主义与现实》，2004 年第 2 期，第 84 页。

了对大自然的大肆开发与扩张，生态环境危机因此接踵而至。与这些形而上的哲学思想相呼应的，是普遍存在于现代人深层意识或实际生活中的各种反自然、非生态化的生态观念。随着资本主义现代生产方式与经济活动方式的全球性扩张，这种观念也成为现代世界普遍流行的一种价值观。还有如“自然资源取之不尽，用之不竭”的观念、“人是万物的尺度与主宰”的思想、经济生活中消费主义的观念、科技至上的观念等等，都表现着现代人类种种以自然为征服和索取对象的固执与无知。

需要指出，人类具有自然和社会的双重属性，对人性的分析可侧重于人的自然本性或侧重于人的社会本质。人作为生命体存在的自然本性是有欲求的，并通过其活动满足和实现自己的欲求。这使人与其他动物有共同性，动植物都有生长、存活的欲求，并要在适宜的自然生态系统中以其自身的活动来满足和实现它们的欲求。但是，人类的欲求在量上和质上、在满足和实现的程度和方式上,又与其他动植物相比有内在的差别。在量上，人类有更多和更大的欲求，并且是不断衍生和扩展的。在质上，人类有不同的欲求层次，有与其他动物相同的生命本能的欲求，更有其他动物所没有的属于人自己的各层次的欲求。在程度上，人类不断追求欲求的更大、更高层次的满足与实现。在方式上，人类以自己能动的、创造性的实践活动和在实践活动中结成社会关系的方式，把自然作为选择、改造与变革的对象，而不像其他动物是以被自然选择、被动适应于自然的方式来满足和实现自身的欲求的。人类的欲求需要从自然界中得到满足和实现，极大化的欲求需要从自然界中得到极大化的满足。由于人类欲求的无限性及无止境的扩张性，使得在欲求驱使下的人类活动就有可能突破自然生态系统可能提供的容纳量和容纳度，从而破坏自然生态系统的平衡和稳定，造成自然生态系统的混乱，导致生态环境危机。

还需强调，现代的工业文明推动了先进工具的发明、创造与使用，把人类的欲求及欲求的满足与实现推向极度，其必然结果是加紧、加快对自然资源的开发、攫取与利用。这样，生态环境危机的产生就在所难免了。

对人类本性与生态环境危机的关系分析，还应看到人类的另一本性，即人类的智性或智能对生态环境的影响和作用。人类的智能本性使人类的欲求通过物质工具的发明与使用而转化为对自然的改造和征服，使人类与自然之间关系的发生方式、实现方式以及最终形成的实质关系都发生了本质性的改变，自然成为人控制中的自然，人与自然的关系成为由人建构的关系。今天地球上的这种生态与环境现状，就是人类的欲求与智能结合而谋划的结果。人类内在本性中欲求与智慧的结合，是人类在与自然的竞争中能战胜自然、超越自然，最终反过来征服、统治自然的巨大的力量源泉。一句话，环境危机是各种因素综合作用的结果，彰显的是人类生存方式的危机。

第二节　环境危机的实质

环境危机的实质是人地系统在其内部的人类社会要素与自然环境要素之间不协调的相互作用下，偏离了原有的稳定状态，导致系统内部自然环境要素的退化。因此，解决当今面临的资源短缺、环境污染及生态破坏等环境危机，必须以系统科学的理论与方法为指导，从协调人类与自然的相互关系着手，促进人类与自然和谐相处。

一、环境危机的实质是人类理性危机

我国学者王凤珍基于人类理性发展的三个阶段，论述环境危机的实质是人类理性危机。总的来看，人类理性的发展历程大体上经历了三个阶段：第一，古代的以柏拉图、亚里士多德为代表的客体性形而上学的本体论化的思维方式，可归结为“自然中心主义”的思维方式；第二，近代的以笛卡尔、康德等为代表的主体性形而上学的认识论化的思维方式，可归结为唯人类中心主义思维方式；第三，现代的马克思主义哲学的实践论的思维方式，可归结为马克思主义哲学的人类中心主义的思维方式。这三种思维

方式与环境危机有着不同的关系。

（一）王凤珍从古代的自然中心主义思维方式出发，得出人类社会不可能产生环境危机的结论。王凤珍指出，自然中心主义思维方式在处理人和自然的关系上不以人为中心，而以自然为中心。在古代，由于人们认识能力十分低下，人们无法解释刮风、下雨、打雷、闪电等自然现象。为探寻这些自然现象的本质，于是古希腊人认为自然界渗透或充满心灵，从而没有人类与自然对立的意识。人与自然一体化，甚至把自然物体看做真正的人。古代人认为自然界万物都和人一样，都有生命和灵魂，把自然力人格化。把自然界的一些现象都归结为某种超人的精神力量。由于这种超人的精神力量是人们看不见摸不着的，只能看到一些无法解释的自然现象，于是人们对这种超人的精神力量的崇拜，就变成了对自然的崇拜，因此，古代人就形成了以自然为中心的思维方式。王凤珍进一步指出，这种思维方式忽视了人，看不到人类实践的作用，无法解决人和自然何以对立又何以统一的现实基础。只能从自然的本性直接推论出人的特性，把人的本性泛化为自然的本性。这样就不可能充分发挥人的主观能动性，去认识人和自然之间的真实关系。人类不能正确地认识自然，当然也就不能正确地改造自然。人类只能消极地顺从自然、接受自然命运的安排，成为自然界的忠实奴仆。在这种思维方式的支配下，人的个性得不到充分的发挥，人类尚处于群体本位的思想意识阶段，因此，人类社会不可能产生环境危机。可是到了16、17世纪，欧洲资本主义工商业的发展，科学文化事业的繁荣，使人们的思维方式也发生了根本性的转变，把古代和中世纪所说的神转化成了人，神对自然的关系，转变成了人对自然的关系。这种思维方式，就其实质来说就是唯人类中心主义的思维方式。[1]

（二）王凤珍从近代的唯人类中心主义思维方式角度，论证了唯人类中心主义是造成人与自然关系紧张的最为深刻的思想根源，最终导致全球

[1] 王凤珍：《环境危机的实质——人类理性危机》，载《东北师大学报》（哲学社会科学版），2003年第6期，第47—49页。

环境危机。王凤珍指出，唯人类中心主义的思维方式是在处理人和自然的关系上，只以人的主观意志为转移的。这种思维方式早在古希腊罗马时期就有了萌芽，到了近代，伴随科学技术的发展、主体性的高扬，使这种唯人类中心主义获得了较为直接而明确的形式。培根明确呼吁要建立人对万物统治的帝国。笛卡尔则宣称“我思故我在”，康德也强调：“无论是对你自己或对别的人，在任何情况下把人当做目的，绝不是当做作工具。”在这种唯人类中心主义思维方式的支配下，摆脱了人类为了自身的存在与发展不得不屈服于自然界的奴役状况，使人的属人本质更加明确化、直接化，即通过征服自然去谋取发展。王凤珍进一步指出，唯人类中心主义在一定程度上归咎于科学蒙昧主义与唯理性主义的症结。由于唯人类中心主义思维方式在处理人与自然的关系时，把自然完全看做人任意操纵的机器，把人与自然完全对立起来，提倡“人类统治主义”、“人类征服主义”、“人类沙文主义”、“物种歧视主义”等。而在处理人与人、人与社会的关系上，又提倡国家中心主义和绝对或极端个人主义。而绝对国家中心主义和绝对或极端个人主义就其实质来说就表现为霸权主义、强权政治、贸易保护主义、拜金主义、极端利己主义等思潮或现象。因此，唯人类中心主义是造成人与自然关系紧张，人与人关系紧张的最为深刻的思想根源。即当代人类社会面临的全球环境危机，都是在唯人类中心主义思维方式的支配下发生的。而且，唯人类中心主义又被现代西方哲学中提倡人本主义的一些哲学家所继承和发展，一直持续到现代。从总体上看，这种思维方式颠倒了人与自然的关系，给人类社会带来了巨大危害，已严重地阻碍了人类社会的继续发展。人类社会要继续发展就必须克服唯人类中心主义思维方式，首先必须从思想观念上转变认识，人要做自然的主人，但人对自然并不能为所欲为。

（三）王凤珍从现代人类中心主义思维方式出发，深入阐述了该思维方式加剧了环境危机。王凤珍指出，19世纪40年代，马克思主义哲学彻底否定了近代的唯人类中心主义思维方式，形成了现代的人类中心主义思维方式。现代的人类中心主义在处理人和自然的关系上，形成以人为中心的思维方式，这就是马克思主义哲学的实践论的思维方式，即把人看做具备自然属性和社会属性有机统一的、在现实中从事实践活动的活生生的具体的人。马克思主义哲学关注的是人的生存、处境、前途和命运，把人的生存、解放问题提到了哲学的核心地位，从而根本改变了人类的思维方式。马克思主义哲学实践论思维方式的确立，为人类正确地认识自然、改造自然、正确处理人与自然的关系指明了方向。人之所以不同于动物，就在于人不仅具备自然属性，还具备社会属性。这两种基本属性表明人既是自然进化发展的产物，是自然的一部分，又是自然本身的否定物，必须超越自然的存在，人要超越于自然，体现出人自身的本质就必须通过实践去作用自然，人只有在同自然的不断交互作用的过程中即改造自然的实践过程中，才能真正地体现出人的本质。但马克思又坚信人是来源于自然的，在始源关系上，自然的存在优先于人的存在；人生存在自然界之中，自然的条件和规律对人的活动具有制约的作用。而且马克思又更进一步认识到作为人的生存条件和生活环境的自然，正是打上了人的实践的烙印，即人化的自然，对于这种自然也必须从实践的观点去加以解决，绝不能再以单纯客体的观点去认识。王凤珍认为，从马克思主义哲学在人与自然的关系上突出强调人的实践的特性上可以看出，马克思主义哲学在处理人与自然的关系上，坚持以人为中心，人是自然的主人的观点，也就是在处理人与自然的关系上，坚持人类中心主义。王凤珍通过马克思关于人的成长过程必须经历三个发展阶段的论述，指出马克思主义哲学所坚持的人类中心主义中的人，就应该包括人的三种历史形态：群体本位的人，个体本位的人，类本位的人。马克思所说的群体本位的人就是古代“自然中心主义”思维方式所说的人，是人的萌芽阶段。个体本位的人就是近代的唯人类中心主义和现代的马克思主义哲学的人类中心主义中占主导地位的人，即人的展开阶段。类本位的人就是未来的环境人类中心主义所说的人。

王凤珍强调，现代的人类中心主义的思维方式，即马克思主义哲学的实践论的思维方式力图把作为主体的人当做类而存在，把人看做是具有独立性的人，而且是具有“自由个性”的人，但人做为主体表现为类主体，人类中心主义思维方式在道德和价值上的突出表现就是类本位和集体主义被当作一切道德和价值观念的基础和出发点，一切道德和价值行为以及对道德和价值的选择都通过类来实现，都以是否符合国家的、集体的需要和利益为标准。如果人们都能按照这种思维方式去从事实践活动，人类社会就不会产生环境危机。那么，为什么在马克思主义哲学产生以后的一百多年的时间里，人类社会不但产生了环境危机，而且又加剧了环境危机呢？于是就有人得出马克思主义哲学理论已经过时，不能指导人们现在的实践活动，对马克思主义哲学持怀疑否定的态度，这是大错特错的。因为首先，一个理论能否被人们所信服和接受，不能只靠理论本身的言传说教，必须是把理论转化为人们的实践活动。只有经过人们的多次的反复实践，才能够被得以证实，人们才能得以信服。其次，马克思主义哲学的类哲学理论所说的以类为本位的人，是对人类未来的一种憧憬、向往，即是对未来社会中的人，并不是对现实社会中的人的概括和总结。而且马克思主义哲学产生的时代，人类社会恰恰处于资本主义社会，人正处于个体本位的发展阶段，因此，在马克思主义哲学产生的相当长的一段时间里，人们之所以不能普遍接受这种理论，使这种理论成为人们的指导思想，是由于人们的思想观念不可能一下子从近代的唯人类中心主义的束缚下解放出来。近代的唯人类中心主义束缚人们的头脑，已在人们头脑中根深蒂固，难以自拔，可以说，人类不经过一次面临生死存亡的威胁，人们的思想观念是不会改变的，这也充分证明了“人是环境和教育的产物”。而且马克思主义哲学产生之时，人已经走完了三种形态之一，以族群为本位的阶段，人正处于三种形态的第二种形态，以个体为本位的时代。因此，在马克思主义哲学产生以后的一段相当长的时间里，人们仍然按照唯人类中心主义和人类中心主义中的个体本位思想意识去从事改造自然的实践活动，把个体本位推向了极端，从而又进一步加剧了环境危机。这一切已经充分表明，人类社会要实现可持续发展就必须改变现有的思维方式，实现由唯人类中心主义和人类中心主义中的个体本位思想意识向以类为本位的环境人类中心主义的转变。

最后，王凤珍精辟地总结道，古代的自然中心主义由于完全失落了人而没有产生环境危机；近代的唯人类中心主义由于过分夸大了人的主观意志而产生了环境危机；现代的人类中心主义中的人由于正处于个体本位的主导时代，从而又进一步加剧了环境危机。由此可见，环境危机的实质是人类理性的危机。

二、环境危机的哲学根源

世界观、认识论与价值论是构成哲学的三大主要领域，反映了人类思维的发展历程。探究环境危机的哲学根源也就是要找出人类在世界观、认识论与价值论上存在的问题。人类在世界观、认识论与价值论上存在的问题就是世界观上的机械论、认识论上的主客二分和价值观上的人类中心主义。[1]

（一）机械论作为一种世界观，它试图用力学定律解释一切自然和社会现象，把各种各样不同质的过程和现象，包括物理的、化学的、生物的、心理的和社会的，都看成是机械的。机械论把自然看做一台完美的、被精确的数学规则控制着的机器。机械论的权威性概念框架不仅导致了人对自然的掠夺和统治，也直接阻碍了现代生态学的发展。

（二）认识论的主客二分的思维方式在西方是从古希腊时期就初步确立起来的，在近代西方哲学中得到了长足的发展。培根从经验论出发，认为人类知识都是通过对经验的归纳而获得的。他提出人类掌握知识的目的就是为了改造自然，使其为人类服务。笛卡尔坚持理性主义立场，把自然确立为只具有广延的客体，真正建立了主体与客体分裂对抗的二元论。人

[1] 史军：《反思环境危机的哲学根源》，载《长沙师范专科学校学报》，2006 年第 3 期，第 69 页。

成了代表上帝的存在，他处于一切自然存在物的中心，具有统治和支配一切自然存在物的权力，而自然存在物的意义则只是满足人类的福利，只是表现为人类征服和控制的对象。这种主客二分的观点，长期以来，把自然界看做相对于人类的自然，而不是人类生存于其中并与之具有血肉联系的自然，因此它倾向于把自然当成只是满足人类欲望的有用物品加以滥用，甚至不惜牺牲大量生命物种和破坏环境来达到自己的目的。主客二分的思维方式将人类社会与自然分割对立起来，必然导致人与自然关系的恶化，是导致当代生态危机的哲学根源。[1]

（三）价值观上的人类中心主义认为人是宇宙的中心。观点的实质是一切以人为中心，或者一切以人为尺度，为人的利益服务，一切从人的利益出发。人类中心主义把人看成是唯一具有内存价值的存在物，他以外的存在只有工具价值。自然界的价值只是人的情感映射的产物。因此，人才是唯一具有资格获得道德关怀的物种。从伦理的角度看，人对自然并不存在直接的道德义务，如果说人对自然有义务，那么这种义务应当视为只是对人的义务的间接表达。这样，人类中心主义就自然地把自然及其存在物从人的道德关怀领域排除出去。在西方，人类中心主义观念源远流长，甚至可以说，整个西方文化传统就是人类中心主义的。近代哲学对人的本质的探索，使人类中心主义思想在观念上被牢固确立下来。传统人类中心主义的逻辑是征服与控制自然,人类面临的生态危机正是由这种观念造成的。现代人类中心主义虽强调生态资源与环境保护，但它的动机是功利性的，保护的目的是为了更好地利用，因而是一种人类的自我中心主义和利己主义。目前诸多生态环境问题都是利己主义的产物。

三、在工业文明框架下环境危机无法根治

始于工业革命的工业文明改变了人类社会方向，形成了以实现资本增

[1] 张长青：《当代生态环境危机的哲学反思》，载《山西高等学校社会科学学报》，2006 年第 7 期，第 73 页。

值为核心的社会发展模式，由此导致的环境问题不只是技术或科学层面的问题，也不只是经济或政治层面的问题，而是我们整体的文明结构（工业文明）存在问题。因而，环境问题无法在工业文明的框架内得到有效解决。应当承认，在工业文明和环境危机之间存在着必然的关联，首先，工业文明改变了理想社会的方向，从对精神的提升、人与人的和谐，转向了对物质的追求。其次，工业文明改变了基于人类生活的物质与能量的转换方式，从准闭环变成从自然到垃圾的开放链条。在工业文明的大背景下，人类社会的根本问题和发展理念都发生了变化，这种变化激励了人们追求创造更多的物质，而物质利用和改造方式的改变则导致了污染和垃圾问题的出现，引致环境危机。对于环境危机的认识或者环保意识的建立，首先需要做的就是对工业文明进行反思。事实上，工业体系自身已经开始产生悖论了。为拉动内需，我们鼓励消费者买车，导致交通进一步拥堵，于是限号限购，抑制内需。“节能减排”和“发展经济”有着内在的冲突。环境问题是因工业文明的运行逻辑而产生的，试图保留工业文明的整体框架，解决环境问题，是不可能的。因此，需要构建与工业文明不同的社会发展理念和经济增长模式，不再强调对物质世界的控制，也不再以 GDP 来衡量经济增长，我们需要考虑，我们能够从什么样的活动中获得生存的意义和价值，并依据此建立一种生态文明模式。这种反思包括两个层面，一是工业文明的逻辑核心是什么；二是我们能否在工业文明的框架内解决环境问题。

资本是工业文明的逻辑核心，资本以追求利润的动机而推动技术的发展，并延续着“利润”逻辑构建工业文明的发展框架。在这一框架下，科学发展、技术进步、市场需求乃至社会体系都会按照有利于“利润增值”的方向发展。也就是说，整个的工业文明体系会以实现资本增值为目的来构建人类社会的发展模式。工业文明的发展破坏了人们对自然的敬畏，自然在人们的眼中是资源供给地。同时，工业文明还破坏了文化的差异性。

目前，越来越多的人开始意识到工业文明所制造的环境问题，但人们仍希望能在工业文明的框架内解决问题，特别是寄希望于科学技术能够解决环境问题，然而这是不可能的。科技所产生的问题靠科学能够解决的是非常有限的，而这些有限的部分还有可能产生新的问题。科学家常常宣称他们将会发明出 A 技术来解决我们现在所遇到的 B 问题，但是我们现在所遇到的 B 问题常常是科学家们以前发明出来为了解决 C 问题的技术所制造出来的结果。换言之，每一个问题的解决都必然伴随着新的问题的产生。因为我们现在使用的技术总体上是基于机械论、决定论、还原论模式的，与自然的生态系统有着根本上的冲突。随着这种科学和技术的进步，人类对自然的改造越发强烈，人类所生活的世界越发远离自然，人类所造出来的物质越发难以融入自然，从而不断地产生新的环境问题。

较之工业文明，生态文明是一个基于文化多样性和生态多样性的文明，它强调的是，我们的文明应该与我们所生存的环境相吻合，构建出与本地生态相适应的社会体系和经济运行模式。当然，生态文明的必要前提是建立新的环境意识，其中包括个人层面的反省、主流意识形态的改变，以及对科学技术的反思。

四、解决环境危机的制度探索

生态环境的持续恶化是资本主义生产方式造成的必然结果。生态问题已成为当代资本主义世界最为突出的问题，生态危机已取代经济危机成为资本主义的主要危机。大量生产、大量消费、大量废弃的资本主义工业文明是不可持续的。当前全球严重的生态问题完全是资本主义国家，特别是西方发达资本主义国家无节制地生产和无节制地消费造成的。

对于日益恶化的生态危机，资本主义世界占主导地位的反应不是承认危机的真正根源，而是竭尽全力去避免对其社会性质的质疑，并转而采用技术修复或市场机制。事实上，以技术修复和市场机制来应对世界生态危机是为资本及其既得利益服务的。恩格斯指出，防止生态环境的进一步污染和破坏，单单依靠认识是不够的，还需要对我们现有的生产方式，以及和这种生产方式连在一起的我们今天的整个社会制度实行完全的变革，用社会化程度更高的共产主义社会来代替资本主义制度。

资本主义生产方式与生态环境之间存在必然的冲突，而且在有限的生态环境中实现资本的无限扩张永远都是一个矛盾。资本代言人企图在资本主义制度范围内解决这个问题，信奉市场机制和技术万能，但资本主义经济制度的本质是遵循经济理性，这驱使资本无限扩张，因此，任何资本主义制度框架内的解决办法都难逃失败的结局。生态危机的解决要突破资本主义制度框架，并把社会主义制度作为解决生态危机的最终出路。只有在社会主义公有制和工人民主制度下，资源的消耗才可能被控制在可持续限度之内，整个社会才具有环境道德、尊重生态循环，人与自然的冲突才可能最终得到解决。[1] 具体而言，就是要努力做到以下几点：

（一）人类应当尊重自然，改变人是自然界主宰的错误观念，确立自然环境与人类社会在人地系统中的平等地位。从哲学上彻底摒弃人类中心主义观念，给予自然价值主体的地位，尊重自然，敬畏生命。

（二）彻底抛弃传统的将环境保护与经济发展割裂开来的环保思想，推广将环保和节约意识贯穿于产品设计、生产、消费及最终处置全过程的清洁生产理念，以及高效、低耗、对环境友好的生态工业理念等环保新理念。把环境保护与经济发展视为一个系统整体来看待，要在考虑经济发展的视域下解决环境问题，同时在解决环境问题时也要兼顾环境发展。

（三）大力发展循环经济。循环经济的理论基础是用系统论的理念重新审视传统经济学，其思想萌芽至少可以追溯到20世纪60年代。循环经济以资源的高效与循环利用为核心，是符合可持续发展理念的新兴经济增长模式，正逐渐成为许多国家环境与发展的主流，一些发达国家已把循环经济看做解决环境危机、实施可持续发展的重要途径。

（四）从全局视角，依靠系统科学的理论和方法，优化产业结构，合理产业部局，促进科技进步，淘汰高消耗、高污染的落后生产工艺。对于

[1] 袁正：《生态环境危机的制度解析》，载《中共天津市委党校学报》，2011年第2期，第25页。

产业结构的调整，要从全局出发，要以整体的大系统利益为主，不可为了局部利益损害整体利益。

（五）提高全民族的环境意识，并综合采取法律、经济、技术、管理、道德、教育等一切措施，在国家、企业和个人等所有层次和环节上节约资源、减少和控制污染。

（六）积极参与环境领域的国际合作，扩大环境科学与技术交流，为解决人类共同面临的全球性环境问题作出自己的贡献。

（七）实施可持续发展战略，优化人地系统的结构，实现最佳的系统整体功能。可持续发展的实质是人类社会系统与自然环境系统的协调发展，整体功能大于局部之和是人地系统协调发展的最佳状态，也是解决环境危机的客观要求。

理论上，如果说社会主义制度能控制资源的消耗、能引导整个社会尊重生态循环，最终能够解决人与自然的冲突，那么，如何解释当下社会主义市场经济的中国所面临的环境危机呢？本文认为，理论上的成果并不一定在短期内就能形成实践的动力，事实证明，我国在构建环境危机的预防、控制、化解的制度安排上走了弯路。问题不只在于严重的环境危机，更在于中国的环境治理系统本身存在着危机。后一种危机与更广泛的制度弊端结合在一起，使得目前还难以看到突破环境危机的希望。[1] 正因为如此，我国伴随社会转型，环境危机已进入高发期。

---

[1] 张玉林：《中国的环境危机与社会变革》，载《绿叶》，2011 年第 8 期，第 128 页。

第三章　应对环境危机的伦理省思

伦理是维系人的社会性存在的基础，是无形的法则，指导着一定社会关系中人的思想和行为。人们以伦理的方式把握世界，就形成了以某种价值观为核心，以相应的伦理原则和伦理规范为基本内容的伦理文化。环境伦理是研究人类在不断的发展进程中，人类个体与自然生态环境和人与人之间的社会环境之间的伦理道德行为。

第一节　人与自然关系的重新审视

针对日益严重的环境危机，为摆脱危及人类的生存的威胁，国内外学者围绕人与自然的关系问题，展开了激烈的争论，提出了许多不同的有价值的观点。归纳起来主要有两类：一是在处理人与自然的关系上，坚持人类中心主义生态伦理学思想；二是在处理人与自然的关系上，坚持生态中心主义生态伦理学思想。这场争论对于唤起人们的环保意识具有重大的积极意义。但两种观点从根本上说都不能彻底解决环境危机，需要全新的伦理观念指引，约束人类行为。

一、人类中心主义削弱了人的主体性，不能彻底解决环境危机

人类中心主义是希腊文化和希伯来（基督教）文化融合的历史产物，[1]是指在人与自然的关系上，以人为核心，其出发点和归宿始终都围绕着人类利益展开的一种理论观点。核心观点是：人是主体，自然是客体，人是自然的主人；人类是一切价值的来源，大自然对人类只具有工具性价值；人类超越了自然万物，具有优越特性；人类与其他生物无伦理关系。总的来说，人类中心主义是以自我为中心的价值观和文化模式，它把人类的生存和发展作为最高目标的思想，它要求人的一切活动都应遵循这一价值目标。依据人类主体性提高程度和社会发展状况，人类中心主义经历了古希腊抽象的人类中心主义、中世纪神学目的论的人类中心主义、近代盲目强化的人类中心主义、现代理性反思的人类中心主义四种形态。其中，近代人类中心主义与日益严重的环境危机与生态破坏存在紧密联系。[2] 现代人类中心主义是人类中心主义的一种合理形态，是对传统人类中心主义、近

[1] 黄扬：《“人类中心主义”的理性迷茫与平衡拯救》，载《社科纵横》，2010 年第 8 期，第 173 页。
[2] 钟妹贵、毛献锋：《近代人类中心主义的理论反思》，载《沈阳大学学报》，2009 年第 1 期，第 48 页。

代理性人类中心主义的辩证扬弃，但它仍未放弃人类的中心地位，也有漏洞。总体上，人类中心主义在处理人和自然的关系上坚持以人为中心，相对于自然中心主义来说，虽是一个巨大进步，但人类中心主义也同自然中心主义一样把伦理观、价值观扩大到自然，陷入了人的误区，削弱了人的社会性。同时，人类中心主义在解决环境危机的过程中虽然坚持以人为中心，也主张给自然界赋予伦理、价值关系。美国植物学家墨迪认为“完善人类中心主义，有必要揭示非人类生物的内在价值。承认自然事物的内在价值却能为保护人的个性和人的物种属性的生物生态提供强有力的根基”。如果承认自然事物的内在价值就意味着人类要尽可能地不去作用于自然。如果人不去作用于自然，那么，人的主观能动性就得不到应有的发挥。因而就必然要削弱人的主观能动性，同时，人的主观能动性都是通过人对自然的改造而表现出来的。人改造自然的能动性，体现出了人的本质特性。人的本质特性就是人不同于动物，是人之所以为人的最基本规定性，人的能动性又称之为社会性。人类中心主义提出的哲学、伦理学虽然还是关于人的，却不能再以人为中心，这实际上是自相矛盾，既然哲学、伦理学是关于人的，就必须以人为中心，不以人为中心，就容易混淆哲学的人与生物学的人，削弱人的社会性。而且，人类中心主义的生态伦理学提出的重新定位人与自然的关系，这又与自然中心主义生态伦理学殊途同归，又陷入自然中心主义。这样，就使人类中心主义完全背离了人的本性，根本无法找到环境危机产生的真正原因和解决环境危机的根本途径。20 世纪 70 年代以来，随着全球性环境危机的加剧，对人类中心主义的信念产生怀疑，从而导致非人类中心主义的出现，并从五个方面对人类中心主义展开批判：一是人类中心主义在经验上站不住脚；二是人类中心主义是在实践上是有害的；三是人类中心主义立场在逻辑上不一致；四是人类中心主义在道德上是可拒斥的；五是人类中心主义与明智的开放性利他理论不和谐。[1]

---

[1] 章海荣：《生态伦理与生态美学》，复旦大学出版社，2005 年 3 月版，第 107—110 页。

二、生态中心主义消解了人的主体性，也不能彻底解决环境危机

在与人类中心主义的对抗中，出现了以动物平等论、生命中心论、生态中心论为代表的非人类中心主义。动物平等论主张动物有资格或权利得到人类的道德关怀。生命中心论主张无论是人、动物、植物，凡是有生命的存在物都应当得到道德上的同等尊重。生态中心论则主张所有生命个体、物体、生态系统都具有独立于人的内在价值，都具有获得道德关怀的资格。认为一切存在物（包括人在内）对生态系统来说都是重要的、有价值的，从整个生态系统的稳定和发展来看，一切存在物都有其目的性，他们在生态系统中具有平等地位。自然界中某一事物或行为的正确善意与否，只能以它对整个生态系统的贡献为标准，生命共同体成员（包括人）的价值都要在与生态整体的关系上进行评价，个体的价值是相对的，只有整个生态共同体的价值才具有最高意义。[1] 需要强调，在非人类中心主义的潮流中，由利奥波德的大地伦理学、罗尔斯顿的自然价值论和奈斯的深生态学构成的生态中心主义较为典型，看待人与自然的关系时，运用整体性的思维方式阐述自己观点，但是，本文认为生态中心主义无论从理论还是实践都不能够彻底解决环境危机。首先，生态中心主义实质是让人成为“非人”。从人的本质来看，尽管人属于自然界的成员，但是，人的存在是“超自然”的存在，也就是“类存在”，既然人是超自然的存在，怎么能够以自然为中心呢？以自然为中心，实际就是消解放弃了人的本质。其次，整体性思想是生态中心主义的核心和根基，其价值在于以生态系统中任何事物相互联系的整体主义思想来看待和处理环境问题，在哲学世界观上，矫正了人类中心主义的人与自然对立的二元论思想，由对抗伦理转向共生伦理，有利于人们树立全社会生态意识，提高生活质量的同时保证生态质量。但是，生态中心主义运用整体性思维扩大了道德伦理的边界，却过分强调整体的

[1] 田文富：《西方环境伦理思想及其哲学基础探析》，载《沈阳师范大学学报》，2008 年第 2 期，第 11 页。

价值和意义，强调自然的独立主体地位，而削弱了个体的价值和意义，[1]即人的主体性，片面夸大了人与自然的和谐统一，认为人不应该为破坏自然的主体性，低估了人与自然之间的矛盾和冲突，容易走向生态至上主义。应该肯定，生态中心主义环境伦理学的出现，确实能够促使人类自省，进一步调整人与自然的关系，这必将有助于增强人类的环保意识。但由于该理论没有抓住伦理学的基本问题，即人的问题，因而不能彻底解决环境危机。因为，生态环境危机的真正根源还在于各种人际之间进一步强化的生存竞争和利益的分裂，仅仅树立整体性的思维模式只能在一定程度上缓解危机，并不能彻底解决环境危机。

三、各种生态主义流派的观点

1923 年法国人道主义思想家阿尔贝特·史怀泽在《文明的哲学：文化与伦理学》中就提出了“尊重生命，保护生命”的生态主义价值观，主张把道德范围从人类世界延展到整个自然界，把对人类的道德关怀从人的领域扩大到人与自然的关系领域。这一思想开辟了西方生态主义思想的先河。1933 年伦理学家奥尔多·利奥波德在《沙乡年鉴》中也提出，人类必须重新界定人在自然界中的地位，并将人类伦理学的范围覆盖到大地上的一切生物。另外，利奥波德还认为，应当改变传统的经济价值判断标准，建立尊重生命与自然界的新价值观念。生态中心主义是作为人类中心主义的对立面而出现的，核心思想就是自然具有内在价值，通过对自然价值的确认，来实现生态系统的和谐稳定、健康持续的进化，并以此为根本尺度去评价和安排整个世界。[2]

20 世纪 80 年代，美国哲学家罗尔斯顿出版了《哲学关注荒漠》，将生态主义的发展推上个一个新的阶段，其后罗尔斯顿又相继出版了《环境

---

[1] 陈爽：《整体性——生态中心主义的根基》，载《郑州航空工业管理学院学报》，2008 年第 6 期，第 15 页。
[2] 李田：《生态中心主义及其内在价值》，载《华南理工大学学报》（社会科学版），2002 年第 3 期，第 10 页。

伦理学》、《保护自然价值》等著作。罗尔斯顿在生态学的机能整体性上构筑了自己的生态主义思想，他认为自然界除了存在以人的评价尺度为标准的外在工具价值之外，还存在着其自身的内在价值与系统价值，应该从其内在价值入手来探讨人类对自然的道德责任。继罗尔斯顿之后，在短短的二三十年间生态主义蓬勃发展。生态伦理作为一种新型的伦理，它处理的是人与自然的伦理关系问题。生态伦理强调生态和平、生态正义与生态幸福，是人类道德行为所应遵循的基本纲领，也是人与自然交往的行为标准和人类行为总的社会方向。因此,生态伦理是一种建立在人对自然的崇敬、感激、同情、关爱等情感基础上的，是一种确保人与自然之间和谐相处的理论。[1]

生态主义思想大体上是由三个理论体系编织而成的，分别是“动物福利论”、“生命中心论”与“生态中心论”。以澳大利亚学者辛格为代表的动物福利论者强调，动物同人类一样也具有苦乐感受，在其自己的世界中也有成为生命主体的特征，并且拥有其自身的天赋价值。因此，人类除了要承认动物的天赋价值外，还要尊重它们应当享有的道德权利，即不受残忍虐待与随意杀伐的权利。生命中心论者认为，除了动物以外，包括植物在内的一切有生命的生物体都具有不以人的价值体系为标准的固有内在价值。因此，尊重生命应该是处理人与自然关系的准则，尊重生命即为善德，毁灭生命就是恶行。生态中心论者主张，把整个生态系统作为人类道德关怀的重点与伦理价值的中心，认为包括人类在内的所有存在物对生态系统来说都是至关重要且有价值的，生态系统中的一切存在物都有其自身的价值与目的。自然界除了具有以人为尺度的工具价值外，还有不依赖人的评价体系的内在价值与系统价值。

日本学者岩佐茂在《环境的思想》一文中从生态与人文两个角度分析了环境问题、环境权，进而利用马克思主义作为理论基点阐述了环境哲学问题。美国学者莱斯劳在《跨越发展的生态人文主义》一文中从法律、政策、

[1] 卢晓玲：《环境危机的生态伦理审视》，载《社会科学战线》，2011 年第 3 期，第 263 页。

经济、信息、全球化与可持续发展等多个方面对生态人文主义进行了剖析。美国学者罗伯特所著的《生态人文主义》一书中论述了解决人道主义与环境保护之间的关系，并指出科学技术必须负责任的使用。俄罗斯学者彼得洛夫 1981 年的《生态法》梳理出了三个方面的环境法调整对象，即保护生态环境、合理利用自然资源与保护生活环境。俄罗斯学者布林丘克认为环境法的基本原则之一即为生态安全原则。需要看到，在各种生态中心主义流派中，生态人文主义已悄然兴起。

四、生态人文主义的兴起

生态人文主义是生态伦理与人文思想融合发展所产生的新人文主义，是生态主义对人类中心主义批判的产物,同时也是对传统人文主义的超越，主张在人类文明的前提下去包容自然生态环境,认同自然生态的内在价值，将人文理念向自然界延伸。较之生态主义，生态人文主义要求人类在认识世界之前首先要认识自己，既要强调人是自然进化的产物，自然与人相互合一，也要主张人是文化的存在体，人有区别于自然生物的尊严。生态人文主义坚持自然理性的指导，遵循生态与经济的辩证关系，反思科技理性的弊端，同时也更加强调人对自然的生态道德。

作为现代人文主义的一支，生态人文主义是具有多元文化内涵的一种新人文主义，对生态人文主义的认知也是在生态主义对人文主义的批判中实现的，因此它既保留了自由、平等、博爱的人文精神，又汲取了生态主义的价值理念，是人文情怀向自然界延伸的产物。生态人文主义不仅主张社会的发展应以人为本,而且同时更加注重人与自然互相包含的辩证思想。另外，生态人文主义是脱胎于工业文明的一种新型人文主义，其不否定工业化，不倡导非理性。其不但弘扬科学技术对人与自然关系发展的重要作用，而且更强调伦理、道德对人类进步的意义，其既重视经济增长，也关注社会的可持续发展。

总体来说，生态人文主义是在环境危机已迫在眉睫的当今社会人们思考问题、认识世界的一种前提观念，也是人类重新了解自己，在自然界中定位自己的一种方法。如果从学术研究的角度而言，我们甚至可以说，生态人文主义是研究哲学、伦理学、法学等人文科学的一种文化思潮。因此，生态人文主义并不是一个学科体系，而是一种思考问题的角度或者方法。生态人文主义之于现代法治来说主要是一种方法论意义，它对于整体上的现代法治社会起着理论指导和价值评判的作用。如果我们从环境法学的角度去考察生态人文主义，那么无疑它起到的是一种环境法哲学的认识论基础的作用。

20 世纪以来，由于科技理性主导下的工业文明的极端发展导致了环境问题的频发与环境危机的爆发，以反思人类中心主义为核心的“生态主义”思想诞生了。生态主义思想认为，环境问题与环境危机的根源就在于人类中心主义的过度发展，主张人类应该摒弃人类中心主义的思想而回归自然。强调尊重生命、保护生命，人类必须重新界定人在自然界中的地位，并将道德关怀的范围覆盖到大地上的一切生物。自然界除了存在以人的评价尺度为标准的外在工具价值之外，还存在着其自身的内在价值与系统价值，应该从其内在价值入手来探讨人类对自然的道德责任。

从生态主义思想的背后，我们发现具有悠久历史的人文主义与 20 世纪中期兴起的生态主义之间的矛盾。人文主义强调，人的幸福与尊严，主张人的自由、平等和博爱。而生态主义作为一种新的学术思潮从其诞生之初就对人文主义,尤其是对文艺复兴后的新人文主义持反思与批判的态度。生态主义者指出，人文主义当中存在着根本性的悖论。既然人文主义强调平等是最基本的原则，那么同时假定人类高于自然是否存在矛盾？如果说在平等、博爱的驱使下人类解放了奴隶、提高了妇女的地位，那么为什么不能将其延伸到整个自然界？人类奴役自然界是否是人类压迫性的表现，而这又如何能与自由、平等、博爱的理论相和谐？这一悖论深刻地指出了人文主义的缺陷。但是，仅有几十年历史的生态主义根本无法统领社会的发展，且在其背后又往往隐藏着无政府主义与后现代主义的身影，这些都决定了生态主义的非主流。而已有数千年历史的人文主义早已成为西方社会的主流意识形态，离开了人文主义无异于将人类重新遣返至原始社会。

正是由于人文主义的悖论与生态主义的非主流，理论上试图对二者进行和解的设想就在所难免。和解论者强调，生态主义的矛头并不是指向人文主义的整体,而仅仅是针对其中的人类中心主义。人文主义的自由、平等、博爱的价值理念也完全可以延伸到自然界当中。正是在这种不断融合与论证的过程中，20 世纪末，一个新的名词“生态人文主义”产生了。生态人文主义是在生态主义与人文主义的斗争与和解的过程中出现的，但并不能说它是生态主义与人文主义的合二为一，而应该说生态人文主义是一种发现，一种对已有理论、价值从生态人文角度的观察与超越。生态人文主义将人类共同的、长远的和整体的利益置于首要地位的同时，还考虑兼顾非人存在物乃至外部生态环境整体的利益。它保留了人类中心主义中人的主体地位和生态中心主义中的人与自然的整体性，克服了以人为中心的主仆关系和物种平等的民主关系，是对传统伦理理念的扬弃。

第二节　确立生态人文主义核心地位

在新的生态文明中占主导地位的价值观是生态人文主义。生态人文主义是自觉地用生态规律来指导人类发展的人文主义，是按照生态世界观及其科学方法论来积极发挥人类的价值,维护和促进自然进化的人文主义。[1] 不管生态人文主义是对人类中心主义和各种生态主义的超越，还是和解，既然给出了解决环境危机的思路与方法，相对人类中心主义或生态主义来说，都是最优选择，那么，我们就应当确立生态人文主义在新时代伦理观中的核心地位。可以认为，生态人文主义就是现代新型环境伦理观。

[1] 卢巧玲：《生态价值观：走向生态的人文主义》，载《西安联合大学学报》，2003 年第 1 期，第 98 页。

一、生态人文主义的理论基石

人是自然界的一部分，是自然长期进化的产物。恩格斯在《反杜林论》中曾说:“人本身是自然界的产物，是在自己所处的环境中并且和这个环境一起发展起来的。”因此可以说,人无时无刻都离不开自然,人本身就是自然,人与自然是融为一体的。马克思非常形象地指出，人类具有两个身体，一个身体是有机的，表现为人的血脑和骨肉；另一个身体是无机的，那就是自然界。“自然界就它本身不是人的身体而言,是人的无机的身体。人靠自然界来生活。这就是说,自然界是人为了不致死亡而必须与之形影不离的身体。说人的物质生活和精神生活同自然界不可分离,这就等于说,自然同自己本身不可分离,因为人是自然界的一部分。”生态人文主义就是要求人应该将自己作为自然界的一个组成部分，来思考人与自然之间的基本关系。

从文化哲学的角度而言，人之所以为人，除了自然环境的塑造之外，还有很多决定性的因素，其中最为重要的便是文化。文化有广义与狭义之分，文化哲学上所使用的文化是包含了人类区别于动物以来的一切文明成果的总和。可以说，“文化是历史地凝结成的，特定时代、特定地域、特定民族或特定人群中占主导地位的生存方式。”“文化作为历史地凝结成的生存方式，体现着人对自然和本能的超越，代表着人区别于动物和其他自然存在物的最根本特征。”因此，生态人文主义主张人是自然的一部分，但人也应该超越于自然而不能融化于自然，因为人是可以凭借其理性能动地改造自然的文化存在体。生态人文主义不强调激进的生态思想，不主张将人类重新放逐于自然的“大地伦理”。生态人文主义不否定人类文明，认同人对自然的认识与改造,这样就从人本的角度顺应了社会的文明基础。

生态人文主义强调生态、讲究人本、宣扬人与自然的共生共存、支持生态文明，消解了人类中心主义和生态中心主义两极对立模式，不仅是对环境领域问题的关注，更是深刻触动了人们的世界观和价值观，使人们重新思考人类与自然的关系、个体与整体的关系以及自我与他者的关系，追求的是人与自然万物的整体和谐共生。人在这种生态合理性中消解着主体的绝对性，这不仅不会降低人的地位，反倒会使人找回人之为人的真正意义的尊严。[1]

二、生态人文主义的价值及核心地位

通过对生态人文主义的理论基石的观察与探讨，发现生态人文主义价值信息吻合当今生态环境保护的需要，既强调以人为本，又反映了人对自然的包容,能够克服人类中心主义和生态中心主义的理论和实践的局限性，因此，生态人文主义必将在生态文明社会取得生态治理上的核心地位。需要强调，迄今出现的生态人类中心主义、生态人本主义、生态人道主义都是对人类中心主义的反思和扬弃，但仍要以人为主和服务对象的，只不过是在对“人”的考虑时，把“人”放在了更为广阔的时空背景内，加入了更多限制，融入了更多的更新的理性因素，但这也不能改变以人为本的属性。在这一点上，与本文所说的生态人文主义是暗合的，不存在冲突，甚至可以认为生态人文主义是更高精神层面的对生态人类中心主义、生态人本主义、生态人道主义的统称。

（一）生态人文主义的价值

生态人文主义对于生态文明社会构建生态法治具有重要的理论与现实价值。

（1）生态人文主义主张人在认识世界之前应该首先认识自己，在此基础上将人作为自然的一部分。

（2）生态人文主义不但强调人类作为自然的一部分不应破坏自然生态平衡，同时也主张运用人类社会的文明手段、经济方法去积极调整生态平衡，这也是人类社会发展与地球生态现状所必然要求的。

（3）生态人文主义摒弃了极端人类中心主义的思想，但没有否定人类

[1] 王妍、刘猷桓：《环境伦理内涵指向》，载《科学技术与辩证法》，2009年第1期，第69页。

的利益，而是将人类的利益放置于自然生态系统之中，协调人与自然之间的利益关系。生态人文主义能够彰显生态环境的内在价值与系统价值，能够反映并实现环境正义与环境道德。

（4）生态人文主义所推崇的价值理念符合了人类价值观的发展规律，强调从生态正义的角度重新审视秩序、自由、公平、民主与安全等传统价值，扩大了人类伦理道德的辐射范围。

（5）生态人文主义提高了公众的生态环保意识，将工业文明以来“征服自然”的思想转变为人与自然协调发展的伙伴关系。

（6）生态人文主义建立了生态文化，从人本的高度总体上反思人对自然的态度，是对以往文化体系的超越。

总之，生态人文主义在生态文明社会既保证了人类利益的延续性，又协调了人与自然之间的价值关系与伦理道德关系，克服了传统人类中心主义与激进生态主义的片面性，从自然、文化、市场、社会等多个方面回答了构建生态法治社会所亟待解决的问题，具有重大的价值与意义。

（二）生态人文主义的核心地位

在生态文明时代建设生态法治的过程中，生态人文主义必将取代传统的价值理念与伦理观念成为指导环境法转型的主要精神，取得环境法学研究领域以及宪法学、民法学等其他法律学科生态化转变的核心地位，生态人文主义之所以能在生态法治的进程中取得核心地位，这是由人类社会的发展规律所决定的。

（1）因为生态人文主义能够有效运用生态化、市场化、社会化、信息化、合作化、激励化等多种手段综合治理生态环境，改变了传统价值观念在治理生态环境中的短板与传统生态治理模式的低效。

（2）生态人文主义能够激发社会的环境保护意识，增强公民的生态守法观念，促使公民积极遵守生态法律、履行生态责任与义务。

（3）生态人文主义能够变革环境保护立法目的与理念，重构环境法的原则与制度使之更符合生态法治的要求，引导环境法律体系的生态化转型，催生环境单行法律的制定与完善。

（4）生态人文主义与低碳经济、新型工业化道路、可持续发展观具有内在的一致性，顺应了我国社会发展的需要。因此，本文认为在众多的生态法治指导思想之中生态人文主义在未来一定会主导中国的环境法学发展。

生态人文主义是在应对环境危机，反思人类中心主义的前提下发展起来的，它是推动工业社会向生态文明社会转变的精神动力，是促进环境法制和环境法学生态化转向的思想基础，是社会转型期追求可持续发展的一种新的时尚和具有先进性的时代观念。

面向生态经济的蓬勃发展，生态人文主义环境法在价值取向上指明了21世纪人类社会伦理道德的转变方式，改变了过去传统的安全观念，对于我国制定长期的生态治理战略具有前沿指导的作用。生态人文主义的基本原则与基本制度框定了我国在环境治理上利用市场化、信息化、民主化、合作化、激励化的基本手段，对在社会主义市场经济条件下充分发挥环境治理的效率、效益大有裨益。生态人文主义环境法的运行机制从“小政府，大社会”的角度，为我国环境法的最终实现奠定了社会运行基础，充分节省了社会成本，在一定意义上达到了政府职能的转变，带动了公民环保意识发展。然行文至此，仍需赘言，我国生态人文主义环境法的转型需要全社会的共同参与和坚持不懈的努力，目标就在前方，任务依然艰巨。

三、生态人文主义法则

（一）尊重生态秩序。秩序普遍地存在于自然界与人类社会当中。秩序是指在自然进程和社会进程中都存在着某种程度的一致性、连续性和确定性。法律是秩序的象征，也是维护秩序的方法和手段。秩序可分为两个方面，作为生态系统一部分的人类与自然界之间的秩序，以及作为社会活动成员的人与人之间的秩序。前者可以称为第一秩序、生态秩序，后者则为第二秩序、社会秩序。第一秩序是永恒的、客观的，而第二秩序是历史的、主观的。生态秩序是不以人的意志为转移的，是自然界亘古不变的秩序要求。几千年来人类文明不停地追问生态秩序的原理，形成了生态秩序观，但这种生态秩序观念却是主观的、可变的、随历史发展的。脱离历史的维度去空谈社会秩序，即为非正义。生态文明社会，人类应该在建构人与自然和谐相处秩序观的前提下去解决人与人之间的矛盾。因为，第一秩序受到侵犯必然会对第二秩序产生影响。今天世界上出现的一系列政治、经济、社会、军事问题从表面上看是人与人之间的矛盾，但实质上是由于人与自然之间的矛盾激化所带来的，是人类脱离历史的维度一味地相信对第二秩序的调整会解决一切问题的后果。[1]

（二）维护生态公平。生态公平体现的分配的正义，可从代际公平、代内公平与种际公平三方面理解。代际公平是指当代人与后代人之间在开发自然资源,利用环境容量上平等发展的问题。在生态保护主义者的眼中，地球上有限的自然资源应被认为是当代人与后代人的共同财富，任何一代人都不应为了本代人的发展而耗尽自然资源，破坏生态系统的平衡，本代人的发展应该建立在不影响后代人可持续发展的前提下进行。代内公平是指代内的所有人，不论其国籍、种族、性别、经济发展水平和文化等方面的差异，对于利用自然资源和享受清洁、良好的环境均有平等的权利。在国家之间公平分享资源上,针对发达国家和发展中国家的事实上的不公平，美国生态社会主义学者福斯特将这种生态剥削行为称为生态帝国主义。生态帝国主义的内容是资源掠夺、污染输出和生态战争。当然，在旧有的、新殖民主义的、不平等的国际秩序未消亡之前，要实现国家之间在生态资源利用与全球环境保护上的平等是极其困难的。种际公平是指人类作为生物圈中一员，在享受大自然所赋予的生态利益时，也对其他环境要素付出相应的生态义务，以达到物种间利用自然的平衡问题。人类作为生态系统中的一员,维持生态平衡和物种多样性也就是维护人类自身的生存与发展，人类与自然界是相互包含的辩证统一。

---

[1] 刘洋 :《生态人文主义法治的价值取向》，载《黑龙江政法管理干部学院学报》，2009 年第 5 期，第 132 页。

（三）保障生态安全。安全是一种不受威胁的稳定、持续状态，它是由多方面的安全因素所组成的。当今社会，人类正置身于一个高风险的生态威胁时代，全球气候变暖导致的海平面上升，臭氧层破坏带来的紫外线辐射，核能管理不善所引发的核危机，转基因工程与生物多样性破坏可能带来的生物圈抗冲击能力下降，这些现象都对人类社会乃至地球生态环境构成了严重的威胁。因此，重视生态安全已经成为世界上绝大多数国家关注的问题。国外较早提出生态安全的国家是俄罗斯。生态安全就是指人的环境权利及其实现受到保护、自然环境和人的健康及生命活动处于无生态危险或不受生态危险威胁的状态。生态安全对人类的生存安全具有基础性的意义，生态安全一旦遭到威胁会导致政治安全、军事安全、粮食安全也受到威胁。因此，必须全力维护生态安全。

第三节　确立生态文明下人与自然的和谐

人与自然关系的和谐是和谐社会的重要维度，是和谐社会的内在要求和深层基础。现代新型环境伦理又是构建和谐社会的生态伦理依据和生态价值诉求，它突破了近代主体性哲学的思维框架，表达了真实的从人的立场出发的现代环境伦理观，是实现人与自然和谐的新范式，有利于推动和谐社会主体人的人格自觉和道德提升。一个社会的伦理文化和伦理精神如果扭曲，就会造成人的生活意义的扭曲、变形和失落。在人与自然矛盾以现代形式——生态危机、环境污染等全球性问题显现的今天，必然需要建构现代环境伦理，从而为人与自然和谐提供伦理依据。

一、现代新型环境伦理的确立

现代的生态环境危机是由人与自然主客二分思维模式，以及在这种思维模式引导下的行为所引发的。可以说，西方现代发展观在人与自然关系问题上的伦理缺失，就直接根源于近代西方主体性形而上学和主客二分的思维方式。对此，作为一种新兴思潮，环境伦理学的诞生为环境时代人类反思、建构与自然的和谐关系提供了有益视角。但是，需要指出的是，环境伦理学在本质上是一种具有西方中心主义和知识精英视角的信仰，反映的是西方文化传统下的知识阶层对环境问题的特定理解，[1] 是否具有普适性，还需考究和审视。

今天，面对当代人类社会发展中出现的生态困境和危机，从人的二重性出发，在实践中重新认识人的主体性问题及人与自然和谐的实质，建构现代新型环境伦理，才能为实现人与自然和谐提供可能性与现实性。现代新型环境伦理就以人与自然之间的伦理关系，以及受人与自然关系影响的人与人之间的伦理关系为研究对象，通过对人类与自然环境伦理关系的重新认识，通过对自然价值的正确理解，改变人类旧有的以增强对自然界的征服掠夺为手段，以扩大自然资源消耗为代价的发展方式，建立起人与自然之间和谐的新伦理关系，以解决人类面临的环境危机，保证人类社会与自然的和谐发展。[2]

现代新型环境伦理是人的类本质的真正彰显。现代新型环境伦理的理论前提是基于对人存在的两个维度的界定：人是一种自在自为的存在，是一种不同于其他存在物的主体性存在。因此保证人的主体作用得到合理发挥，首要问题是如何正确处理人存在两个维度的关系。在人自身的存在与发展中，在人的生命活动中揭示自然的存在本性，澄明自然的存在价值，这是人与自然和谐的前提，也是实现类主体的必要条件。其次，类状态是自由自觉的人的自为存在状态。走向类主体，就意味着人将变成包含最为丰富多彩个性的大写的“人”。类存在的人是充分意识到自己为人，并能自觉地从人出发去对待一切的人。在人性的发展中、在人的自我生成中去实现和完善人与自然和谐的人。在这种状态下，不仅人和人趋于自觉的联

[1] 巩固：《环境伦理学“真理化”批判及其对环境法学的启示》，载徐祥民：《中国环境资源法学评论》（2006年卷），第84页。

[2] 田文富：《现代环境伦理的时代意蕴及其价值观创新探析》，载《理论与改革》，2006年第6期，第18页。

合，能够建立相互协调的社会关系，而且人和自然也达到自觉的融合，建立一体化的和谐关系。[1] 综上，人的存在是自在自为的存在，是具体的存在。基于人的二重性，解决生态危机需要的便不是削弱人的主体观念，抑制、消解人的主体性，而是应该全面认识人的本性，进一步升华人的主体观念，从单纯强调抽象的人的个体本位主体的观念尽快提高到"类本位"主体的观念。因为类主体是一种"自觉的、自为的主体性"，这种主体性对外部自然界的整体规律有清醒的认识，对自身活动的后果有预见性，能使自身活动限制在合理阈限内，也是人的全面发展的主体性。这种主体性正是解决生态困境，实现人与自然和谐的基本条件和必要前提。此外，尊重自然的原则就是要唤起人们对自然的"道德良知"和"生态良知"。现代新型环境伦理的建构，标志着人类道德的进步和完善，既为新时代人类处理环境和生态问题提供了新视角、新思想，也为人类处理人际关系开辟了新视野，是人类道德的新境界。

现代新型环境伦理是人与自然和谐的伦理依据。和谐是具有永恒生命力的理念，和谐体现了东方智慧的特征，也是中华民族良好精神风貌的集中体现。现代新型环境伦理超越人类中心主义与非人类中心主义的对立，以人与自然和谐为精神实质，是实现人与自然和谐的伦理依据。其一，现代新型环境伦理规范了和谐社会伦理主体（人）的生活实践。实践是满足人类生存和发展的基本条件，是人类历史得以展开和延续的前提。实践不但必然是"物质的实践"，而且蕴涵着丰富的人类理性的精神内涵。人类理性并不是无限的，这就决定了人类必须以某种特定的方式介入实践活动。因此，现代新型环境伦理源于道德主体觉悟于人与自然失序之际，由此导致了伦理机制的形成。此外，人与自然和谐是和谐社会的重要基础，实现和谐的关键环节是建立一种能够为人类与自然这一共同体所普遍认同的伦理机制。现代新型环境伦理的建构使人们在实践情境中，生发出寻求伦理规则的需求，同时也确立了环境中的主体（人）是自觉地走向类存在的人，实现了良心的

[1] 王妍：《现代环境伦理：人与自然和谐的新范式》，载《长白学刊》，2008 年第 2 期，第 18 页。

自律及具有关爱自然的热忱，是道德提升的人。因此，现代环境伦理的架构，完善了具备现代性主体化意识和行动的人。其现实意义在于精神建构的价值目标，不是对社会存在的被动适应，而是对人与自然和谐的积极推动，因此，必须在全球范围倡导生态伦理道德，转变人们的价值观，在对待自然、对待环境的态度上和实践中扬善弃恶，营造起一个良好的保护自然环境和重视生态伦理的习惯和风尚。[1] 更为重要的是，现代环境伦理的核心价值观是和谐社会的价值诉求。从发展趋势看，人与自然的内在和谐使人性内在于人，使人在人文精神的教化中实现良心的自律，实现人自在自为的和谐。总之，现代环境伦理以实现人与自然和谐为目标。既追求人与自然的和谐，又强调人与自然的和谐同人与人关系的和谐相辅相成，互为中介。这一思想也蕴藏在我国提出的科学发展观与和谐社会的理念中。因此，现代新型环境伦理作为一种伦理规范也是这一理念的伦理根据。

二、现代新型环境伦理的价值意义

构建现代新型环境伦理的价值意义在于以下三个方面：

（一）道德养成的制度伦理关怀。约翰·罗尔斯认为："正义是社会制度的首要价值，正像真理是思想体系的首要价值一样。" 如果把正义原则和善结合起来，就能为建立秩序井然、和谐稳定的社会提供可能性。环境制度建设应该体现环境伦理的道德精神和基本原则，因为制度伦理决定着人们道德人格的养成。约束社会生活实践的制度必然以某种社会意识形态为其观念导向和价值基础。由于现代环境伦理在实现人与自然和谐的进程中具有重要的地位和作用，其伦理机制的形成必然对维系社会共同体可持续生存和发展具有深远影响。环境伦理作为人类价值意识和价值规范的文化积淀，通过制度的合理安排，可以保持社会的公平和正义，为拥有良好

[1] 王劲、王学川：《生态环境危机的实质与生态伦理的价值取向》，载《科技管理研究》，2011年第5期。第234页。

生态秩序提供可能性与现实性。作为道德养成的环境伦理机制，具体表现为生态价值共识、生态意识提升等层面。因此，现代新型环境伦理的建构使构建和谐社会具有丰富的生态文化价值资源。

（二）伦理载体的精神价值培养。文化的存在是人类特有的存在方式。文化中内蕴的道德、理性对于伦理主体（人）的精神价值培养具有重要作用，对于当代社会的道德建设具有重要意义。现代新型环境伦理积极倡导建构人与自然和谐相处的生态文化，奠定了人与自然和谐的文化基础。同时，生态文化的出现引起了人的价值观与世界观的革命，提倡用相互作用、相互联系的生态整体思维代替主客二分的对象性思维方式。人与自然和谐的生态文化模式也是一种生态智慧，使人们在人与自然关系的反思中，激发积淀在人们心灵深处的人文情怀，使关爱自然成为人自身生命的内在需求，从而促进现代生态理论与民众的生态活动自觉地交会与整合。

（三）社会生存共同体的伦理关照。遵循现代新型环境伦理的伦理准则，就意味着伦理主体进入一种生态觉悟的境界。现代环境伦理体现了一种生态觉悟，其实质不仅是对人与自然关系的反思，更深刻的是对社会共同体的伦理秩序以及对人的行为合理性的反思。现代新型环境伦理不仅要求重新建构自然生态平衡，更重要的是重新建构人的精神生态、人格生态，因此是对整个人类生态文化和人文精神的觉悟。于是，现代新型环境伦理正在引导主体追求和建设一种新的社会生存共同体的文明，摒弃种种不切实际、不负责任的价值态度，自觉地确立起一种责任伦理的价值态度，在生态实践中确证自己的人性、人格和尊严，同时也为构建人与自然和谐社会提供了生态哲学的解释原则。[1]

三、现代新型环境伦理与科学发展观

现代新型环境伦理作为研究人与自然道德关系的应用伦理，主张人与

[1] 王妍：《现代环境伦理：人与自然和谐的新范式》，载《长白学刊》，2008 年第 2 期，第 19 页。

自然和谐发展。因此，实现人与自然的和谐发展既是科学发展观和和谐社会的重要内容，也是环境伦理研究的主要范畴，更是建设环境友好型社会的必然要求。推进“环境友好型社会”建设是涉及社会、经济、文化的系统工程，是政府各部门和经济、社会各层面都需要去做的事情。我国目前的环境问题，在很大程度上是由于国民缺乏环境价值观念和生态整体意识而导致的，因此如何进一步发展和创新面向新世纪、适应中国国情和实际的环境伦理理论，培育国民的环境伦理价值观念，增强全社会的资源忧患、环境保护意识和节约资源的责任感，指导环境友好型社会建设，已成为一个关涉如何落实科学发展观的重大时代课题。现代环境伦理理念作为一种新的伦理价值观和社会价值观，与科学发展观，构建和谐社会，建设资源节约型、环境友好型社会在价值和目标上都是一致的，体现着鲜明的中国特色和时代价值。

（一）现代新型环境伦理彰显了科学发展观的“以人为本”的人本主义精神。科学发展观，第一要义是发展，核心是以人为本，基本要求是全面协调可持续，根本方法是统筹兼顾。现代新型环境伦理的基本出发点就是为了充分实现人类自身的全面、持久、健康的发展，人类应该充分尊重自然内在的价值规律，维护人与自然环境的和谐共生。一切不能单纯地以人为中心，一切服从、服务于人，而要遵循以道德规范和可持续发展观为基础的伦理价值观，对自然尽人的道德责任，充分从道德角度考虑问题和进行实践，统筹人与自然的和谐发展。科学发展的人本精神，就在于它突出了实现人的全面发展这一马克思主义的根本价值取向，凸显了作为人类普世价值的人文关怀。从而在新的理论高度和理论内涵上继承和坚持了我们党一切为了人民、一切依靠人民的根本宗旨。这是对以往发展中缺失人文关怀的以物为本发展理论的批判和矫正。[1]

（二）现代新型环境伦理与科学发展观存在价值上的一致性。环境伦理要求经济增长和社会发展必须与自然承载力相协调，强调在追求发展的

[1] 田文富：《现代环境伦理的时代意蕴及其价值观创新探析》，载《理论与改革》，2006 年第 6 期，第 19 页。

同时，有效地保护和改善生态环境，保证以可持续的方式使用自然资源，使整个人类的发展在生态平衡的范围之内，体现科学发展观与环境伦理的价值上的一致性。科学发展观提出统筹人与自然和谐发展、可持续发展，是反对把经济发展看做一个孤立的过程，主张经济、社会与自然生态的和谐和可持续性发展。从这个角度而言，科学发展观是从环境伦理的视角找到经济发展与环境保护的一种新的结合点，是环境伦理价值观念与中国实践相结合的科学阐释，它体现了环境伦理的价值观。

（三）现代新型环境伦理思想与构建和谐社会存在目标上的一致性。党中央多次提出建设人与自然和谐相处的社会，加快建设资源节约型、环境友好型社会，大力发展循环经济，加大环境保护力度，切实保护好自然生态。环境友好型社会作为一种人与自然和谐共生的社会形态，也是一种新的环境伦理观和社会价值观，强调通过人与自然的和谐来促进人与人、人与社会的和谐。其核心内涵是人类的生产和消费活动与自然生态系统协调可持续发展。它要求在全社会形成有利于环境的生产方式、生活方式和消费方式，建立人与自然的良性互动关系，构建经济社会环境协调发展的社会体系。可见，处理好人与自然的关系，统筹人与自然和谐发展，既是建设和谐社会和资源节约型、环境友好型社会的必然要求，也是现代新型环境伦理的核心内容。

（四）需要强调，科学发展观的提出，在政策环境上为现代新型环境伦理的建构与发展提供了保障。更重要的是，科学发展观站在自我立场，是对环境伦理学本土化的消化和吸收，是对现代新型环境伦理的新的诠释。在内容上，科学发展观建立在人与自然共生共荣共发展、人与自然双赢的理念上，强调以人为本，以自然为根，以人为主导，以自然为基础的思想，实现社会生产力和自然生产力相和谐，经济再生产与自然再生产相和谐，经济系统与生态系统相和谐，人与自然和谐共处等。[1] 在实践上，具有相当强的可能性、实践性及可操作性。

[1] 姬振海：《环境权益论》，人民出版社，2009 年 5 月版，第 49 页。

第四章　应对环境危机的政策思考

为解决环境危机，推行现代新型环境伦理，世界各国纷纷制定环境保护政策。环境政策的目的是保护公共健康和生态过程免受人类活动的负面影响。但有些环境决策体现了国家利益对全球利益的侵蚀，环境政策的功利主义倾向十分严重。即使我国环境政策本身也存在一定问题，需要改革。

第一节　环境政策的基本理论

环境政策是由一国政府设计制定,以保护资源环境为目标的关于控制、管理和调节个体或社会群体行为的一系列行动准则，它代表了国家在一定时期内在保护资源与环境方面的意志取向和能力。

一、环境政策的概念

政策是指国家机关、政党及其他政治团体在特定时期为实现或服务于一定社会政治、经济、文化目标所采取的政治行为或规定的行为准则，它是一系列谋略、法令、措施、办法、方法、条例等的总称。环境政策可以界定为国家为保护环境所采取的一系列控制、管理、调节措施的总和，是诱导、约束、协调环境政策调控对象的观念和行为的准则。从内容上看，环境政策最终目的是保护环境的，它是包括国家颁布的法律、条例，中央政府各部门发布的部门规章等和省人大颁布的地方条例、办法等的总称。从范围上看，环境政策包括环境污染防治政策、生态保护政策和国际环境政策。环境政策的本质是价值或利益分配，体现国家为了保护环境而作出的各种制度安排、改进与创新。

一般来说，环境政策是政府采用各种政策手段对环境状况产生影响的人类活动或自然界加以规制和管理，促使环境质量向社会希望的标准发展。[1] 本质上，环境政策是国家为消除或减轻环境问题而实行的制度安排，属于综合性公共政策，涉猎范围广，包括环境管理政策、环境经济政策、环境技术政策、环境国际合作政策等。内容上，环境政策包括环境污染防止、自然环境保护、自然资源合理使用、环境侵害救济、国际环境条约履行等诸多方面，具有广泛性、适时性、多样性特征。效果

[1] 杨华:《中国环境保护政策研究》，中国财政经济出版社，2007 年 5 月版，第 41 页。

上，环境政策是对人类行为的一种约束、限制、矫正和引导，通过赞成和鼓励一些行为、反对和限制一些行为，解决资源短缺和环境恶化。环境政策表现形式分为环境法律框架或法律体系，以及非法律的政策文件（也称“软法”，soft law），实质是调节环境权益冲突，代表一定时期国家权力系统在环保方面的意志、取向和能力。环境政策集政策制定、理解、执行、监督、处罚、评价为一体，尤其是政策对象的理解和态度影响着政策目标的实现。环境政策评价是对政策影响和目标达成的测评，评价基准为效率和公平。进而，环境政策主体包括中央政府、地方政府、企业和社会团体等，环境政策手段既有行政或法律的直接规制，也有税收、补助金等间接规制，还有企业自主参与等。

二、环境政策的工具

环境政策工具是环境管制机构针对环境问题而实施的具体环境措施，这些不同类型的环境措施即为不同的环境政策工具，共同构成整个环境政策体系。一般而言，环境政策工具大体上可划分为两类：基于政府命令与控制的管制型工具与基于市场的经济激励型工具。

（一）命令控制型环境政策工具是指政府环境行政部门依据一定的法律、法规、规章及其他环境管理规范性文件，通过对生产者在生产过程中所使用的原料、技术以及消费者消费活动中消费产品的直接管制，对因生产或消费所排放污染物的禁止或限制，从而影响排污者行为达到改善环境质量目的的环境管理手段的总称。20 世纪 80 年代以前，发达国家环境政策工具中占主导地位的是 CAC 工具，包括发放许可证，颁布环境标准和禁令等。CAC 工具的基本逻辑是人们认为政府应该决定单个污染者遵循的技术标准、排放标准、许可和污染区域划分等规则。同时，CAC 工具的这些规则比较明确，其实施结果的持续性和可预见性较强，发达国家 CAC 工具是基于各种严厉的技术要求和统一标准之上的。例如，美国的立法者就认为污染者必须应用最佳可行技术来控制损害环境的污染物质排放。美国所有新建发电站都必须采用特别的清污技术，所有主要水污染者都必须遵守 BAT 的国家统一排放标准。德国空气质量控制的技术指南同样设置了 BAT 要求，针对特殊产业按照毒性、持续性、生态累积潜在性和致癌作用等划分出三类污染者，并限制它们的废气排放。由于 CAC 工具对许多政治利益集团有吸引力，所以一旦 CAC 工具占据了主导地位，它们就变得难以改变。CAC 工具的实施取得了显著效果,但存在许多缺陷，如忽视成本，不存在激励机制，鼓励寻租，政府机构的过度规制和介入会产生机构累赘，政府介入微观管理会造成资源浪费。

（二）经济刺激型环境政策工具是指政府环境行政部门通过引入市场机制，旨在引导生产者和消费者在各自的生产和消费过程中对其行为进行成本效益评估,从而选择有利于环境保护行为的手段的总称。1985 年以后，许多发达国家对采用基于市场的经济激励工具的态度发生了显著转变，认识到了基于市场的经济激励工具所具有的优点。在一些发达国家出现放松规制和预算赤字的趋势，以及现有少量基于市场的经济激励工具的示范效应等促使它们广泛采用这一工具。发达国家对基于市场的经济激励工具的选择是不同的。排污收费和其他环境税在欧洲国家被广泛接受，如法国、德国和荷兰等国家征收了污水排放税；而美国则仍然坚持拒绝新环境税，可交易的许可证制度却得到大规模的运用。需要指出，环境经济激励型政策工具的刺激作用发挥有赖于市场主体能够对市场信号的改变及时作出适当的反应，这就要求市场主体成熟，包括能获得并准确理解市场价格信号变化的信息、产权明晰等。如果市场主体对市场信号的变化毫无意识，或产权不明晰，经济激励工具就不可能有效。

三、环境政策的分析

环境政策分析是为了解决环境政策问题，采用定性和定量的方法，对环境政策实施过程和效果等内容进行的规范性和实证性分析。通过环境政策分析，促进其实现社会环境保护的公平与效率。包括以下具体目标：

（一）分析环境政策实施存在的问题。虽然制定环境政策会在当前的认识条件下，考虑到多种可能出现的情形和问题，但是环境政策的制定基本上是单向的，各利益主体的博弈还是制定层面的。环境政策实施后，新一轮的博弈又开始了，这会使原定环境政策的实施效果充满不确定性，因此在环境政策实施一段过程后进行环境政策分析是必须的。

（二）对问题进行定性和定量分析。对环境政策分析中识别的问题进行定性和定量分析，为解决问题奠定基础。在环境政策分析中将决策中存在的问题加以消除，确保制定的环境政策是优化的。同时，环境政策分析还可对环境政策实施的计划和资源的配置提出正确的建议，从而减少执行的失误。

（三）提供问题解决方案和环境政策实施改进的修改建议。问题解决方案和环境政策实施改进的修改建议一般可以从效率和公平方面来考虑。效率是在政治和技术可行性前提下经济收益最大化。通常情况下，效率是指较以前或其他环境政策有更高的效率，也就是效率的改进。环境政策的效率应当是解决问题区域内全社会的效率。对公平性的考虑既要分析代内公平，还要考虑代际间的公平问题。通常情况下，环境政策分析不是正面设计指标来判断公平性，而是通过公众参与、信息公开程度或满意度等判断公平是否可以改进。

环境政策分析的一般模式是指根据环境政策构成要素、政策过程及它们之间的联系而总结并提炼的分析方法、思维模式、逻辑框架和一般流程。环境政策分析一般模式由 8 个要素构成：责任机制分析、环境政策问题识别和确认、环境政策目标分析、环境政策框架分析、环境政策手段分析、决策机制分析、管理机制分析、环境政策评估和建议。这便于环境政策分析的规范化和具体化，目的是使环境政策分析本身更有效率。

四、环境政策的成败

德国柏林大学的 Martin Janicke 教授于 1995 年提示了分析环境政策的方法，阐述了决定环境政策的成败因素，通过提出“环境问题对应能力”（environmental capacity）和“能力建设”（capacity building）两个概念，展示了环境政策的发展方向。[1] 该教授指出，环境管理能力是社会认识环境问题和解决问题的能力，能力背后有个客观界限，超过界限，环境政策不会取得成功。“环境问题对应能力”的意义就在于强调政策介入成功的客观界限，并且，当出现政治发展或政治革新时就可发现“能力建设”的强化过程。

（一）总体上，“环境问题对应能力”由以下要素构成：

（1）负责环境保护的政府、非政府组织的强弱及其与政府关系。

（2）对环境管理产生影响的框架条件，即知识与信息条件、政治制度条件、经济技术条件。环境知识和舆论上的环境意识对环境政策有较大影响，是环境政策成功的文化前提。政治制度条件包括政策过程的社会参加能力、政策统合能力和战略行为能力。[2] 经济技术条件主要是经济增长与人均 GDP 程度，技术水平及技术转移程度。

（3）政策主体的战略思想和意志。

（4）政策主体推行政策的机会与机遇。

（5）环境破坏与环境污染的内容和性质，既要考虑解决环境问题的难易程度，影响与潜在威胁，还要考虑规制对象集团的强势程度、以及政府所能动用的资源。

（二）在“环境问题对应能力”的不同发展阶段，“能力建设”的内容会有所不同。该教授从环境行政、环保团体、环境企业、参加能力、统合

[1] Martin Janicke, "The Political Systems Capacity for Environmental Polity," Forschungsstelle fur Umweltpolitik（FFU）Freie Universitat Berlin 1995.

[2] 环境政策统合能力包括特定领域的内部统合和相对立的部门间的统合，还有外部统合，即规制对象集团在内的非政府部门与环境政策政府机构的统合；战略行为能力，即环境政策与管理的制度能力开发是否处于最高阶段。

能力、环境意识、环境科研等角度，阐述了“能力建设”不同阶段的具体内容。本文认为，至少环境行政、环保团体、统合能力三方面存在着分析环境政策的有用性。

环境行政能力由低到高的5个阶段是：设立中央环境管理机构阶段；强化弱势而孤立的中央环境管理机构阶段；实现全国（含地方）环境管理机构的制度化阶段；其他中央管理机构一半以上设立环境管理部门阶段；确立全国环境计划阶段。

环保团体能力由低到高的4个阶段是：针对多数环保团体局限于地方、没有全国性组织而要建立全国性团体的阶段；针对全国性环保团体处于弱势或者是非职业化而要强化和职业化的建设阶段；强势的环保团体对政治决策起答询作用阶段；环保团体对产业界起答询作用阶段。

统合能力由低到高的5个阶段是：追加性设置环境机构导致的辖域散乱而实行统合的阶段；实现政策内调整的阶段；针对特定环境问题而实现政策间协调的阶段；与环境有关的所有官厅都设置环境分支机构的阶段；实现含长期计划在内的战略性政策间协调的阶段。

五、环境政策的方向

进入新千年以来，环境政策的管理对象正在发生一定的变化。第一，从重视环境质的管理，向重视环境量的方向扩展，如大气污染物中，对二氧化硫的排放，可以安装脱硫装置，达到消除的目的，但对二氧化碳的排放，尤其是火力发电厂的排放，存在诸多困难；第二，从针对排污口采取的控制对策，转向源头治理；第三，对企业排污责任的追究范围，从处理者责任扩大到排出者责任，扩大到生产者责任；第四，在扩大生产者责任的延长线上，开始追究设计者责任。更为重要的是，作为环境政策的手法，在经济手法、信息手法的基础上，增添了“说明责任”手法，即要求企业明确说明自己事业活动的有关环境信息的责任。除国家环境政策受到重视外，地方政府的环境政策也受到青睐。在发达国家，地方环境政策的影响是十分巨大的。

第二节　国外环境政策

他山之石，可以攻玉。二战以后，空前严重的环境危机是导致环境政策兴起的直接原因。当然，民间环保运动也对环境政策的产生重要影响。各国环境政策的不同，必然带来不同的效果和效率。本节重点考察美国、欧盟、俄罗斯的环境政策。

一、美国的环境政策

美国是现代环境保护运动的发源地，也曾是世界上环境保护政策最为先进的国家。美国环境政策的成就主要体现在环保制度的构建、环境质量的改善、公民环境意识的提高以及资源保护体系的扩展上面。美国环境政策注重市场原理的运用，联邦政府和州及地方政府，以及产业界结成伙伴关系，注重出台具有自由度和灵活性的环境政策措施。伴随环境问题和环境危机的复杂化，美国积极致力于新政策措施、新政策手法的开发与应用，实施这些对策时十分重视费用对策效果。20 世纪 70 年代是美国环境保护政策的黄金时代，是环境保护主义取得梦幻般和史诗般胜利的时代。1970 年新年伊始，美国总统尼克松就签署了《国家环境政策法》，宣称 20 世纪 70 年代是“环境的十年”，强调必须从现在开始减轻对环境的破坏。

美国环境政策始终面临着各种阻力，这是美国环境政策经常出现停滞甚至反弹的主要原因。[1]1980 年里根入主白宫，美国的环境时代戛然而止。作为第一个公开宣称反环境保护的总统，他寻求各种方法来消除或削弱环境管制。里根政府还大幅度削减美国环境局的预算和人员，里根总统的反

[1] 滕海键：《战后美国环境政策史》，吉林文史出版社，2007 年 12 月版，第 22 页。

环境管制行动给整个美国环境政策的发展带来了深刻和长期的负面影响。这使 20 世纪 90 年代初至今的美国环境政策，始终服务于美国国家安全战略。环境问题与美国国家安全有一定的关系，在全球化时代，环境问题的后果具有扩散性的特点，其他国家内部的环境问题造成的安全威胁也会影响到美国。但是，应当强调，环境问题不可能通过“环境基础恶化造成国家经济基础衰退，导致政治不稳定，从而使国家安全面临全面威胁”的途径，对美国国家安全造成威胁。

（一）克林顿的环境政策

在克林顿政府时期，环境安全问题实现了相关政府部门的合作。1995 年 6 月，克林顿政府组织了首届关于“环境安全和国家安全”会议，以确定与环境安全有关的政府机构的作用，并加强情报部门、国防部和其他机构的合作与协调。在环境安全的实践中，国务院在全球、地区和双边层次上确定处理环境问题的优先事项,与商业部门和非政府组织建立伙伴关系。1996 年 2 月，国务院把环境问题完全整合进美国的外交政策，提高国务院利用外交推动可持续发展和其他环境目标实现的能力。在美国国防部的议事日程上，防务环境安全具有较高的地位。环境安全是美国国防部和防务的基本组成部分。1996 年 5 月，国防部长佩里在“预防性防务”的概念下，环境安全挑战具有两层含义：第一个挑战是国防部要理解在哪里和在什么情况下环境退化和稀缺会促成不稳定和冲突，并且要尽早进行处理。第二个挑战是决定军事环境合作在哪里能够极大地促进民主建设、信任和理解。这两个因素共同组成了“预防性防务的环境安全支柱”。此外，1996 年 10 月，美国、俄罗斯及挪威签署协议，规定各方军队将共同确保其军事活动不会损害北极地区的环境。国防部每年公布它在国内的污染设施的详细名单，以及清除每处污染所预期需要的费用。对于国内正在关闭的基地和许多污染最严重的设施，国防部引入社区代表，通过恢复顾问委员会来监督环境恢复情况。

1996 年 7 月 3 日国防部、能源部和环保署签署了一个关于环境安全的《谅解备忘录》。《谅解备忘录》规定，各部门应该开发和进行与环境安全的国际层面相关的合作活动，并且使之与美国的外交政策和各部门的职责一致。合作活动在有助于提高环境安全的领域进行，包括信息交换、研究和开发、监测、风险评估、紧急反应、污染预防与补救，以及其他与放射性和非放射性污染相关的活动等。环境问题在情报部门的议程中也被考虑进来。1993 年情报部门设立了环境特别工作组。环境特别工作组发现，情报机构通过卫星系统和其他手段可以收集到环境科学机构目前缺乏的重要数据。而且与环境安全的批评者对于成本的预测相反，情报部门用于环境信息的成本很小而潜在的收益很大，不需要新的投资。1997 年美国中央情报局设立了中央环境情报中心主任一职，这意味着美国安全官员对土地使用、用水权、环境对传染性疾病传播的影响等问题日益关注。

在环境外交领域，克林顿政府改变了过去在签署国际环境条约上的不合作态度，并积极增加对外环境援助，同时，还不断提升环境问题在外交事务中的重要性。1996 年克林顿政府宣布要把环境外交“置于美国主要外交政策之中”，并提出美国要担当起保护地球环境的“领导责任”。从 1997 年的地球日开始，国务院每年发布关于全球环境挑战的报告，作为环境外交的基本工具，对全球环境趋势、国际政策发展和美国在来年的优先事项作出评估。

（二）小布什的环境政策

共和党总统小布什上台之后，美国政府的环境政策开始趋向于保守。2001 年 3 月小布什宣布反对并放弃执行《京都议定书》。小布什政府认为，执行京都协议不利于美国经济的发展，而且此协议只限制发达国家，但对发展中国家如中国和印度的二氧化碳排放量却没有任何限制。由于美国所排放的二氧化碳是全球总排放量的 25%，美国政府的这一立场对国际环境合作无疑是巨大的冲击，引起了国际社会的强烈反响。在随后召开的第 6 次和第 7 次联合国气候改变框架协议会议上，美国仍然是拒绝参加《东京议定书》所设定问题的谈判。在随后的历次会议小布什政府对《东京议定书》的签署实施一直持不合作的态度。这一点成为其环境政策遭到批评的主要原因。

2002年2月14日，小布什宣布了美国对气候变化的政策，核心是，在未来10年间减少美国经济的温室气体强度18%。温室气体强度是经济产出与温室气体排放量的比率。行政部门宣称目标是通过自愿的行动来达到效率的改进，将在2012年使每100万美元的GDP温室气体排放量减少183吨。2002年9月20日，布什政府颁布了新政府的第一个国家安全战略报告——2002年《美国国家安全战略报告》。这个报告传达了美国政府将在安全战略和外交战略领域出现新变化的讯号。报告体现了小布什政府极强的新保守主义和单边主义色彩。相比之前的安全战略报告，环境问题在国家安全战略中地位显然有所下降。小布什政府在国内环境政策方面的态度，例如，允许在北极野生动物保护区开采石油、拒绝限制美国发电厂的二氧化碳排放量，对饮用水中砷含量回升不采取对策、在能源政策方面大力主张“开源”，积极开发核能和化石燃料，废止克林顿政府关于保护各地饮用水质量的行政规定等。这一系列环境政策，一直受到美国国内环保人士和民主党人的极力反对和批评。2006年3月16日，小布什发布了他就任总统以来的第二份“国家安全战略报告”。新报告对全球化带来的一些包括环境恶化等新型非传统安全的威胁进行描述，报告认为这些问题如果得不到合理的解决将会威胁到美国的国家安全，强调进行国际合作共同应对的必要性。这一变化表明美国政府认识到全球化的深入使非传统安全问题对美国国家安全的影响加大，新保守主义的小布什政府也不得不顺应形势，做出相应的姿态。

（三）奥巴马环境政策

奥巴马上台后，承诺在气候变化议题上开启新篇章，强调美国必须恢复其在应对气候变化方面的领导地位，履行作为应对气候变化领导者的义务。从个人理念上看，奥巴马在环境政策上的积极态度具有一贯性。从党派理念上看，共和党与民主党在气候环境政策上也有较大差别，共和党在对政府在环境、气候、能源上的控制政策采取消极态度，而民主党则较为积极。2011 年年初，美国总统奥巴马公布了新的计划，旨在将全美清洁能源产量提升一倍，2035 年美国的清洁能源发电比例需达到 80%。可再生能源发电将不再局限于风能和太阳能，还包括核能、天然气以及碳捕获和掩埋技术。奥巴马的新计划是一个积极的进步，其核心是能源安全和环境保护，表明传统能源若能得到正确的利用，也能够成为环境友好型能源。奥巴马表示将严格控制碳排放，计划至 2020 年把美国的碳排放量减少至 1990 年的水平，到 2050 年降至 1990 年水平的 20%。

（四）美国环境政策的总体评价

20 世纪 70 年代，美国环境行政发挥了重要作用，美国颁布了《国家环境政策法》，奠定了美国现代环境政策的主要基础。但因没有触及导致环境危机的真正原因，也没有从根本上改变人类行为模式和经济活动方式，为环境政策改革埋下伏笔。80 年代里根政府不是增强了环境政策，而是削弱了，里根无视环境而把经济目标置于绝对优先地位，环保政策和环保事业遭受破坏，社会和谐发展受到影响。90 年代，美国的环境正义运动对环境政策产生重要影响，绿色环保观念深入人心，环境政策也开始触及深层次矛盾，如财产权利与经济自由、环境权利与义务的公平分配、代际环境权利与责任等。同时，基于市场的政策工具在环保实践中发挥更大作用。进入新千年以来，小布什的环境政策虽出现反复，但奥巴马基本上将美国环境政策控制在稳定状态。

二、欧盟环境政策

欧盟环境政策是欧盟机构就环境事务所决定采取的具有政策形式和政策效力的方法和措施的总称。一般的看法是，欧盟环境政策意味着内容复杂的控制性规则和财政支持。其目标是保持、保护和改善环境质量；保护人类健康；节约和合理利用自然资源；在国际一级上促进采用处理区域性或世界性的环境问题的措施。[1]

（一）欧盟环境政策的制定

欧盟环境政策是以预防原则、未然防止原则、在环境损害的发生源防止优先原则、污染者负担原则为轴心，规定了高水平的保护目标。近年来，欧盟对应环境保护的要求，将上述四原则与其他领域政策相统合为重点，在环境政策的制定与实施方面，追求经济的社会的生态的可持续发展。1973 年以来，开始制订 5—10 年的环境行动计划，2002 年 7 月制订了 2002 年 7 月—2012 年 7 月的第六次环境行动计划。

欧洲委员会由 20 名委员组成，担当共同体政策和法令的立案和实施。在环境领域，2003 年 6 月末，约有 550 名职员组成环境总局。欧洲理事会在环境领域由环境部长组成环境部长理事会决定共同体的政策和法令，当然，在程序上，是通过和欧洲议会共同决定来进行的。欧洲议会在共同决定程序下，选择政策和法令的决定权与理事会共有，原则上，环境保护措施没有欧洲议会的同意不能确定。1990 年 6 月设置了欧洲环境机构（EEA），虽没有政策制定和实施的直接权限，但是以为环境政策的制定提供必要的环境信息为中心任务。在欧洲区域内设置了 300 个以上的环境机构，由公立、私立研究中心组成欧洲环境信息观测网络。通过该网络收集信息和数据，普及信息。

（二）欧盟环境政策的特点

欧盟环境政策的特点是：

（1）政策制定方法上，已从不同的环境媒体、不同的政策部门的制定政策的方法，转向依据环境一体性与相互关联性的整体的综括性政策方法，统合战略就是重要的一例；

（2）对企业的管理手法上，开始利用市场手法，即奖励企业利用环境管理监察制度，通过与产业界签订明确目标、透明性较高、符合监督方面的严格基准的自主协定，达到环境保护目标，这已在第五次环境行动计划

[1] 蔡守秋：《欧盟环境政策法律研究》，武汉大学出版社，2002 年 6 月版，第 53 页。

中得到体现；

（3）赋予市民更多的权限，谋求促进环境保护，如改善市民对环境信息的接触，扩大市民对环境影响评价在内的政策制定的表明意见的机会等。

第六次环境行动计划规定了欧盟的环境战略方向，以及要达成的目标和达成目标的具体措施。该计划是在共同决定的程序下确定的，与统合战略有密切关系，主要处理可持续开发战略上的有关环境的局面。该计划提出了 5 个战略性方法和 4 个重点领域。

5 个战略性方法主要是：改善现行法令的履行；与其他政策的环境考虑实行统合；对环境保护的市场性奖励；强化与消费者团体和环境 NGO 的合作与伙伴关系，促进市民对环境问题的理解和参与；奖励和促进考虑环境问题的土地和海洋的有效的可持续利用与管理。

4 个重点领域是：应对气候变化；保护自然与生物多样性；提高环境、健康及生活质量；可持续利用自然资源和废弃物管理。

需要指出，环境行动计划只规定了欧盟总体上的环保目标，并未给出具体可行的实施方案。在这一方面，欧盟主要通过联盟理事会立法，以环境指令的形式使环境目标具体化。环境指令只规定所要达到的具体环境目标，成员国可以自由选择达到指令所规定目标的各种环保措施。具体来说，环境指令可以分为两个执行过程——形式执行和实际执行。环境指令有一个期限（一般为 5 年），在此期限内允许成员国参照执行或把指令转化为本国环境立法，逐步实行，这一过程为形式执行。但如果成员国超过规定期限仍未将环境指令转化为国内环境立法，环境指令将直接在成员国内强制执行。也就是说环境指令需要转化为成员国国内立法才能发生效力。实际执行是指在环境指令得到形式执行后，成员国还必须保证真正达到环境指令规定目标。[1]

在欧盟，环境行动总体规划具有重要的法律地位。根据《欧洲联盟条约》规定，理事会提及的程序，应征询经社委员会的意见，通过总体行动规划，提出应予实现的优先目标。在制定环境总体行动规划之后，理事会

[1] 张平华：《欧盟环境政策实施体系研究》，载《环境保护》，2002 年第 1 期，第 45 页。

应视情况，采取实施这些规划所需的措施，即要求根据环境总体行动规划进一步制定实施总体规划所需要的措施。可见，欧盟的环境总体行动规划是一种层次较高的法律文件，它具有特别的法律地位甚至造法功能。[1]

第一个环境行动计划（1973～1976）：欧盟明确指出了其环境政策的目标，即提高生活质量、改善环境和人类的生存条件。该计划也提出了欧盟环境政策的一些基本原则：最好的环境政策在于防止污染的产生；在所有技术计划和决策过程的最初阶段都必须考虑环境因素；任何将导致生态失衡的消耗资源和破坏自然的行为都必须被禁止；在科学和技术水平提高的过程中充分发挥其对改善环境和治理污染的作用；污染者付费；一国在采取行为时应确保不会导致另一国环境恶化；在欧盟及成员国的环境政策中应考虑发展中国家的利益；不断加强对改善全球环境的关注与努力；重视公众的意见；分清等级责任；在共同一致的基础上加强联盟政策与成员国政策的合作与协调。

第二个环境行动计划（1977～1981）：该计划基本上是第一个行动计划的延续和扩大。它重申了1973年计划的整套原则和目标，还对防止水和大气污染的措施提供了一定的优先权，对噪声污染也提出了更广泛、更具体的措施，加强了共同体环境政策的预防性质，尤其关注对周围环境和自然资源的合理保护和管理。

第三个环境行动计划（1982～1986）：欧盟对原有的环境政策进行了变革，将环境政策与共同体的其他政策综合起来，考虑环境政策在经济和社会领域的同等重要意义，并且明确强调了加强环境政策预防性特征的重要性。

第四个环境行动计划（1987～1992）：此计划发展和细划了第三个行动计划中的环境政策，强调了环境保护与其他政策（如就业、农业、运输、发展等）的综合必要性，并加强了全球合作的必要性。

第五个环境行动计划（1993～2000）：该计划以可持续发展为中心，促进了欧盟以往环境政策的发展。其目标不再是简单的环保，而是在不损

[1] 蔡守秋：《欧盟环境法的特点及启示》，载《福建政法管理干部学院学报》，2001年第3期，第2页。

害环境和过度消耗自然资源的条件下追求适度的增长，这种增长，不应破坏经济社会的发展和对环境资源需求之间的平衡。在《第五个环境行动规划》中，出现了几个特色鲜明的循环经济管理制度，促进了欧盟经济由传统模式向循环经济模式的大跨越。

第六个环境行动计划（2001～2010）：该计划命名为“环境2010，我们的未来，我们的选择”。计划着重保护自然和生物的多样性、环境和健康、可持续的自然资源利用与废物管理为4个优先领域。为改善这些优先领域，提出了5项对策：

（1）确实地实施既有的环境关联法。

（2）所有的相关领域都要考虑环境。

（3）在发现解决对策方面，要与企业和消费者密切合作。

（4）要将准确的环境信息提供给市民。

（5）在土地利用方面养成更加具有环保意识的姿态。《第六个环境行动规划》的一大成就即是对可持续发展战略的确认。可持续发展意味着环境政策与其他政策，特别是各种经济政策协调统一。欧盟环境政策一体化因此成为大势所趋。

（三）欧盟环境政策的效果评价

欧盟环境政策已成为世界上独特的跨国环境政策体系，改善了欧盟环境的形势，特别是空气和水的质量，增强了欧盟在国际环境领域的发言权，强化了欧盟社会的整体环保意识，使欧盟在国际环境合作领域态度较美、日等发达国家积极，并一定程度上促使欧盟公众的生活方式和消费方式向绿色文明方向转变。

三、俄罗斯环境政策

考察、分析俄罗斯环境政策，首先，应坚持审视俄罗斯环境行政部门的变化，关注环境NGO的法律保护及其作用。其次，应全面把握俄罗斯环境政策内容及其变化。再次，应了解俄罗斯实现环境政策的内在驱动和外部条件。市场化环境治理的内在需求是环境政策的内在驱动；政治制度、社会力量的支持、企业环境问题对应能力、环境政策与其他政策的整合力等构成外部条件。最后，从生态文明角度审视俄罗斯环境政策非常必要，俄罗斯在全球生态进程中占有重要地位，是全球生态保护的主要力量。

（一）苏联时期的俄罗斯环境政策

十月革命至 1972 年为形成阶段。该阶段的环境政策内容是保护自然资源，设置环境管理机构，确立自然资源保护法制，应对二战后苏联重工业发展带来的环境污染。这一时期的环境政策集合了社会主义制度优越性，将环境污染治理作为优先的政策课题，选择直接规制手段，积极推进环境科技研究，环境措施取得一定效果。

1972 年至 1991 年为发展阶段。以 1972 年人类环境大会为契机，工业国家开始重视环境，倡导环境保护与经济增长协调发展。当时俄罗斯工业污染严重，上升为社会问题，由此，强化环境政策也上升到政治高度。这一时期环境政策在环境行政方面发展到 Martin Janicke 教授所言的最高阶段，在形式层面取得不少成果，但因对环境信息实行统制管理，环境保护运动受到封杀，企业内部未能构筑落实环境政策的法律措施和经济措施的框架，未形成对环境管理产生影响的框架条件，这主要受计划体制的影响，环境政策效率处于失控状态。

（二）当代俄罗斯的环境政策

自戈尔巴乔夫实行经济改革后，俄罗斯环境政策发生转换。20 世纪 80 年代末至 90 年代前半期为改革阶段。实际上，计划经济条件下环境规制受到不少企业的反对，加之环境政策的执行机构重复和责任分散，监督政策执行的机构权力受到产业管理部门的制约，罚则体系单纯地罚金为主，环保运动受到严格管制，使环境政策运用能力处于较低水平。[1]1986 年切尔诺贝利核电站泄漏事故意味着环境管理的破产，事实上，1988 年颁布

[1] 德永昌弘：《メドヴェジェフ政權の環境政策》，载《ロシア NIS 調査月報》，2010 年第 4 期，第 32 页。

的《关于对自然保护活动进行根本改革》的决议就是对70年代环境政策的重新审视，提出全面引入环境管理的间接规制，如引入自然资源使用费、污染课征金、生态基金等，设立单独的环境行政机构。应当肯定，20世纪80年代末至90年代前半期，伴随经济改革和苏联解体，俄罗斯环境政策在形式上取得一定成果，如1991年俄罗斯颁布共和国法《自然环境保护法》，设置俄罗斯共和国生态自然资源部；1993年修改俄罗斯宪法，明确了环境权；重组环境行政组织，重新设置环境保护自然资源部；1994年颁布总统令，确立了保证环境保护与可持续发展的俄罗斯国家战略，制订了环境保护与自然资源利用的联邦政府行动计划；1995年颁布联邦法《国家环境审查法》等，但在实际效果上并未出现较大改观。

20世纪90年代中期至今为修补阶段。该阶段的环境政策重心是持续调整环境行政，制定和修改环境法制，调整环境NGO的法律定位。其中，2000—2005年间环境政策效率明显下降，2001年10月政府废止了以污染课征金为原资的预算外基金，即由特别会计处理的生态基金，将污染课征金编入一般会计，该做法弱化了环境政策的经济支撑力度，同期经济增长的恩惠未能分配于环境政策，环境政策效果持续恶化。1996年俄罗斯对应“21世纪进程”，颁布了总统令《俄罗斯向可持续发展过渡构想》，同时，分割环境保护自然资源部，分设自然环境保护国家委员会和自然资源部，自然环境保护国家委员会事实上是从部降格为委，行政权限显著缩小，丧失了在政府层面的发言权。2000年废止自然环境保护国家委员会和联邦林业局，部分业务转并自然资源部。继承其业务的该部自然环境保护局在2004年被废止，重组自然资源部，环境行政业务很多委派地方政府，有些地方政府及时建立了环境行政，有些地方的环境行政则处于麻痹状态。2001年制订联邦政府计划《俄罗斯生态和自然资源（2002—2010）》，2002年颁布联邦法《环境保护法》，废止1991年俄罗斯共和国法《自然环境保护法》，同时，颁布了联邦政府指令《俄联邦环境基本原则》。1995年俄罗斯开始对NGO实行国家登记注册制度，1999年制定《联邦公共团体法》，强化对环境 NGO 的规制，2006 年颁布《俄罗斯 NGO 法》，进一步强化规制，要求 NGO 履行每年更新登记内容和提交活动报告的义务。这些规制受到国际社会的批评。2008 年 4 月俄罗斯修改了 1995 年的《联邦环境审查法》，国家环境审查是判断经济活动是否符合环境要求的行政行为。实际上是组成专家组，对事业计划、项目技术、环评结果进行审查，进而作出肯定或否定的行政决定。本次修改缩短了审查时间，规定国家环境审查的实施期间最多不超过 6 个月。

（三）梅德韦杰夫政权的环境政策

2008 年 5 月梅德韦杰夫政权诞生后，根据国内外形势的变化，积极推行应对气候变化、制定节能对策、改组环境行政机构等环境政策。

（1）积极应对气候变化。2009 年是俄罗斯气候变化政策由消极转为积极的转换之年。2009 年 4 月俄罗斯形成气候变化战略，即俄联邦气候变化基本原则草案，在 2009 年 12 月的哥本哈根会议，梅德韦杰夫总统最终提出，到 2020 年俄罗斯温室气体排放量要比 1990 年削减 20%～25% 的新的中期目标，该目标与欧盟的削减目标处于同等水平，表明了在应对气候变化的外交交涉层面与欧盟协调的姿态。一般来讲，应对气候变化方略主要有“适应”和“缓和”两种，前者是对已发生变化的气候采取的措施；后者是为削减温室气体排放量，抑制气候变化采取的措施。俄罗斯应对气候变化的重点放在“适应”策略上，适应性措施所占比重较大，属于积极的适应战略。[1]

（2）更新能源战略，制定节能对策。俄罗斯针对要想达到 2020 年温室气体排放量要比 1990 年削减 20%～25% 的新目标，采取了新节能对策，梅德韦杰夫政权制定了《2030 年前的能源战略》，修改了《节能法》，从全社会角度控制能源消费，降低环境负荷，提高能源效率，强化国内产业竞争力。

（3）强化环境行政管理。2008 年 5 月，梅德韦杰夫政权将政府直辖

[1] 片山博文：《ロシアの氣候ドクトリンと氣候變動戰略》，载《ロシア NIS 調查月報》，2010 年第 4 期，第 11 页。

的水文气象环境监督局和生态技术原子能监督局划归自然资源部，改组后的自然资源部称为自然资源生态部。这次改革是对普京政权 2000 年和 2004 年的两次行政改革引发的环境行政系统混乱的重新整理，积极恢复疲惫的环境行政。在梅德韦杰夫政权下，俄罗斯对待环境 NGO 的态度有所缓解，可期待环境行政和环境 NGO 形成合力，发挥更大作用。

（四）俄罗斯环境政策总体评价

首先，在环境行政方面，如果简单用“能力建设”分析框架评价俄罗斯环境行政建设情况，结论自然是处于良好状态，也就是说，俄罗斯有中央环境机构，有中央环境计划，也有地方环境行政。但需要强调，俄罗斯环境行政改革始终未能找到准确而有效的定位，不能充分控制环境政策基准的严格执行。俄罗斯环境政策的决定过程还缺乏透明性，形成环境管理决策的公开化及公众参与程度低。俄罗斯公民社会还未真正成熟，还处于形成过程，无定型的社会结构导致社会关系不稳定，居民对社会问题不关心。[1] 这样，俄罗斯环境行政的得分应当大打折扣，充其量为及格，环境行政建设今后仍须努力。

其次，在环境 NGO 方面，对照“能力建设”分析框架，会发现很多亮点，环境 NGO 数量较多，作用明显，既有全国性组织，也有专业化团体，最为重要的，环境 NGO 与政府关系不断改善，出现合作态势。当然，环境 NGO 也存在一些盲点，对环境政策制定的影响、对产业界的答询作用并不显著。

再次，按照“能力建设”的分析框架，审视环境政策的统合能力，结果是好坏参半。有时环评政策和生态林保护政策之间出现不吻合，未实现政策内部协调，导致政策出台后的可操作性下降，最终损害环境政策效率。

最后，应当看到俄罗斯生态文明的进步性，仍在向生态现代化方向迈进。20 世纪 80 年代以来，俄罗斯一直倡导生态现代化。一般来讲，生态现代化，首先要求环境政策作出调整，引导传统产业结构向生态型产业结

[1] 张俊杰：《俄罗斯法治国家理论》，知识产权出版社，2009 年 1 月版，第 217 页。

构转换，其次，通过环境政策的制度化，保障顺利转型；最后，通过生态产业结构的转变，促进全社会提高解决环境问题的能力，形成市场机制下的环境治理，向生态社会过渡。

总之，俄罗斯环境政策在曲折中发展，不断汇聚着环境政策发挥作用的体制条件，正在完善新的环境管理结构，同时，也会聚了实施环境政策的新条件，政府部门将进入和科学研究院、社会环境组织密切合作的轨道。也就是说，经过多年努力，俄罗斯“能力建设”（capacity building）得到一定程度的提高，尤其是环境信息建设和环境科技基础都有一定程度的发展，环境法制不断完善，环境教育水平不断提高，处理环境问题的政治能力和经济能力也不断提升。

第三节　我国环境政策省思

一、我国环境政策的历史发展

20 世纪 70 年代以来，中国积极致力环境保护。1979 年颁布《环境保护法》（试行），随后，环境法律法规逐步完善。20 世纪 80 年代，中国发表了 10 个方面的环境政策，宣布要实施可持续发展战略。1995 年，中国确定实施两个根本性转变（经济体制与经济增长方式），开始了对污染严重的淮河流域的治理。自 1997 年起，中央集中讨论人口、资源与环境问题，明确对策，已成为一项制度。三十多年来，中国环境政策从初期着重于强化环境行政管理机构和完善环境法律法规，努力加强环境管理，随后越来越突出经济与环保的协调和双赢。特别是在 2005 年 12 月，国务院先后发布了关于落实科学发展观加强环境保护的决定，显示出中国决心扭转重经济、轻环境的倾向。

在我国第八个五年计划中，提出坚持经济发展与环境保护协调发展的战略思想，提出控制环境污染，改善部分重点城市和地区的环境质量，遏制自然生态环境的恶化。作为城市环境保护目标和重要计划措施，具体是实行城市功能分区管理和城市环境综合规划；推行八大制度（“三同时”制度、排污收费制度、环境影响评价制度、环境保护目标责任制制度、城市环境综合整治定量考核制度、排污申报登记与排污许可证制度、污染集中控制制度、限期治理污染源制度），加强环境管理；结合各地实际情况开拓环境资金筹资渠道；推行重点工业污染源防治措施；建设城市环境基础设施；保护集中式饮用水水源地；保护住宅、文教和观光地区的水环境和大气环境。

第九个五年计划中提出，建立比较完善的环境管理体系和与社会主义市场经济体制相适应的环境法规体系，力争使环境污染和生态破坏加剧的趋势得到基本控制，部分城市和地区的环境质量有所改善，建成若干经济快速发展、环境清洁优美、生态良性循环的示范城市和示范地区。1998年制定了积极的财政政策，把重点放在环境基础设施的建设上，将国债资金优先分配给了污水处理厂和垃圾处理厂的建设。

第十个五年计划提出的国家环境保护目标是,环境污染状况有所减轻，生态环境恶化趋势得到初步遏制，城乡环境质量特别是大中城市和重点地区的环境质量得到改善,健全适应社会主义市场经济体制的环境保护法律、政策和管理体系。但是，由于经济增长率达到了9.0%，所以排放量一直在增加，令人担忧的二氧化硫控制难以达到当初目标。另外，计划重点放在城市大气污染治理，污染源由城市中心地区向郊外转移，控制了城市的土地利用。

第十一个五年计划提出，把中国建设成资源节约型国家。为此，开展循环经济，提高环境敏感城市的能源效率，修复和改善以遏制生态环境的恶化，普及绿色消费意识。同时，科学发展观成为根本原则，节约资源和保护环境受到极大重视。

二、我国环境政策的特点

（一）充分运用命令 – 控制手段。我国施行了环境影响评价制度，创造了“三同时”制度。实践表明，这对多数企业是相当有效的。后来，加上环境污染申报及许可制度、限期治理制度、总量控制制度等，同时，为了增强环境执法机构的权威性和参与综合决策，环保机构的级别不断提高，以加强监督协调能力和避免地方政府的不当干预。

（二）努力推动筹集环境保护资金。很长一段时间内，中国在中央财政和地方财政中一直没有专门的环境污染控制资金科目。2006 年，环境保护支出科目被正式纳入国家财政预算。关于城市居民生活污水和垃圾的收费问题，从 1990 年起争论到新世纪才得以落实。而环境税迄今尚未完全达成共识。至于排污收费标准过低以及如何充分用好各种经济手段等问题，仍有待进一步解决。

（三）着力明确谁应承担保护环境的责任。各级环保局作为各级政府的环境行政主管部门，如果未按法律授权行事，对于环境的统一监督管理不力，当然应该承担其统一监督管理不力的责任。《环境保护法》从法律上明确了责任。1992 年中国进一步明确了各级政府保护环境的责任。推行环境保护目标责任制，城市环境综合整治定量考核等制度，以及近年来关于绿色 GDP 等制度，也正是明确并督促各级政府切实负起责任。

（四）鼓励防治结合和综合利用。中国环境政策继承了历史上朴素的生态学原理和资源永续利用思想。1973 年第一次全国环境保护会议确定了全面规划，合理布局，综合利用，化害为利，依靠群众，大家动手，保护环境，造福人民的理念。中国环境政策反映在推动生态农业、可再生能源、清洁生产和循环经济等方面一直非常积极。

（五）加强环境国际合作。1979 年以来，环保领域的交流更为活跃。中国积极参与世界环境与发展委员会的活动，推动联合国环境与发展会议的筹备与召开。1992 年中国环境与发展国际合作委员会成立，这是国务院的一个国际性高级咨询机构，旨在就环境与发展的综合决策向中国政府提出建议，进一步加强国际合作与交流。中国还同很多国家的政府、国际机构以及非政府组织开展环境领域的合作。

三、我国环境政策的新内容

多年来,我国环境政策推行“预防为主,防治结合、综合治理”政策,“谁污染、谁治理”政策和“强化管理”政策，制定了有关环境保护的八项制度。随着环境形势的发展，近年来，我国又推行新的政策。

（一）绿色信贷政策。我国自 2007 年开始着力推行绿色信贷政策，将企业的环境行为与融资行为进行了有效结合，显著提高了环境监管的综合效果。银行减少对环境违法企业的新增授信，甚至回收已发放的贷款，都可能使污染企业直接面临生存危机，促使这些企业加强污染治理、整改其环境违法行为。我国绿色信贷是在政府领导推动下进行的，带有一定的强制性色彩，现在已经成为经济与环境宏观管理的重要手段。

（二）环境污染责任保险。为保护环境污染受害者和社会弱势群体利益，建立环境责任保险机制。一旦发生污染事故，有一个机构给予补偿。环保部门和保监部门联合起来制定市场的规则，并监督规则的落实，为市场的良性运作提供了坚实的政策保障。环境污染责任保险经过逐步地培育和发展,产品供给日趋丰富。中国人保财险股份有限公司、中国平安保险(集团）股份有限公司、华泰财产保险股份有限公司等 10 余家保险企业，推出了环境污染责任保险产品，并通过中国保监会的审核备案最终投入市场。

（三）实行环境税。为建立利于资源节约、环境保护的产业结构、发展方式和消费模式，我国正在实行环境税改革。2006 年取消“双高（高环境污染、高环境风险）”产品的出口退税。实行对落后生产工艺征收消费税，抵扣环保设备的所得税，这样利于企业治污和采用节能设施设备。同时，积极研究环境税和碳税，目前这两个税环境保护部已配合财政部税务总局取得了很大的进展，还实行资源税改革，这将对督促企业治理污染产生革命性的影响，同时也可为政府减轻企业其他税收提供契机。

四、我国环境政策的缺欠

我国环境政策改革目前存在着严重不足，主要问题是标准法规不够严格，管理水平较低，法制不健全，执法力度不够。我国环境政策体系仍带有较浓计划经济色彩，缺乏激励机制，不少政策措施还建立在各级政府的传统计划和行政命令的基础上。政策的执行基本上依赖环保行政主管部门，既缺乏社会广大公众参与的作用，又缺乏环境行为主体企业和消费者因经济利益激励而保护环境的积极性。

我国虽已制定了一些环境经济政策，但真正在全国实施并发挥作用的并不多见，仍需加强运用经济手段，充分发挥市场优化配置资源的优势。今后，需要大力发展的是环境税费和排污权交易。排污权是最充分利用市场的手段，政府干预最少。较之环境税费，它更加接近费用最小化，在中国6个试点省的效果都非常好，但还未在全国实施，需进一步推广实施。

我国环境政策制定过程中，由于理论基础、制定程序不完整、政策的非系统性、政策缺位、发展战略重要变化等均引了的效率流失。政策执行过程中也存在效率流失，政策对象能否自觉接受政策的调控，由政治、社会经济和文化背景构成的政策环境是否有利于某些政策的执行，这些也影响着政策效率。

五、我国环境政策改革

我国现行的环境政策也包括了国家管制、经济手段和志愿者行动三种工具，但三种工具的发展和运用极不平衡。我国环境政策仍然没有摆脱以行政命令、末端治理、浓度控制、点源控制为主的政府管制状况，还没有建立起在市场经济条件下，实施可持续发展战略的环境政策体系和综合决策机制，在制定环境政策方面还存在政策不配套等情况。

今后应在指导思想上注重动态、灵活的管制设计，提供环境技术创新激励，推动发展新的环境技术，激励更绿色的技术创新和创新技术。

在环境政策模式上需要重新作出选择。仅仅依靠传统的命令—控制管制环境工具显然不是合适的选择。经济激励手段的有效发挥由于受到环境基础设施的限制，这些问题的解决必然将显著增加行政成本，难以得到很好的执行。从执行成本和时间效率来看，自愿环境工具无疑是最佳方案，在政府和企业之间建立一个友好的合作关系，强化和提升政府服务职能，开创政府合作模式，形成一个混合工具的环境管制体系。

我国还需要提供有利于企业克服通过认证面临的一系列障碍的服务，降低管制成本。需要建立提供相关信息、资金和技术服务的国内组织机构，以行业协会的形式或者其他政府机构的形式出现，会降低成本，利于推动自愿环境协议的发展。

第五章　应对环境危机的法律省思

应对生态环境危机，需要动用法律的力量，对环境政策实行法制化，确立新的刚性规则。更重要的是，对我国来说，现有的法制安排，缺乏环境保护的生态安全价值取向，需要推动环境法更新，将调整范围从污染治理扩大到自然保护，再扩展到对整个生态环境的保护和改善。

第一节　应对环境危机的环境公益诉讼论

在现代社会，企业活动和人类活动因未考虑环境影响，经常发生环境污染和环境破坏导致的环境侵害。就环境污染侵害情形来说，由于侵害的不可逆和损害的不可避免，在对污染行为科以规制的基础上，停止侵害的发生最为重要。迄今,关于环境污染侵害救济,确立了原状恢复原则和“污染者负担原则”。这当然符合环境公平和正义，反映了追究污染者责任和污染防止的目的。在两大原则的指引下，各国针对环境侵害确立了多种环境救济制度。在我国，一旦发生环境侵害，环境救济制度主要有环境行政复议、环境行政处理、环境民事自行和解、以及由民间、行政、司法进行的调解、环境仲裁、环境诉讼等。其中，环境诉讼最为重要，是从私力救济过渡到公力救济的标志。[1] 是环境侵害和环境纠纷的最终和最高权威的解决途径。环境诉讼除解决环境侵害和环境纠纷外，还承担着社会功能，通过法律的适用过程，可以确认、实现、发展法律规范，保证法律机制的有效运转，建立和维护稳定的法律秩序。[2] 环境诉讼是解决环境侵害的重要渠道，是寻求法律救济的最后保障。

一、环境诉讼基本理论

环境诉讼制度是与传统诉讼具有质的差别的新型诉讼制度，伴随社会的发展，环境诉讼制度又滋生出新的环境公益诉讼形态。

（一）环境诉讼概念

环境诉讼是指公民、法人、社会团体或国家机关依据法律的特别规定，在环境受到或可能受到污染和破坏的情形下，为维护环境利益不受损害，

[1] 顾培东：《社会冲突与诉讼机制——诉讼程序的法哲学研究》，四川人民出版社，1999 年版，第 46 页。
[2] 孙国华：《法的形成与运作原理》，法律出版，2003 年 10 月版，第 390 页。

针对有关民事主体或行政机关而向法院提起诉讼的制度。环境诉讼制度主要有环境宪法诉讼、环境民事诉讼、环境行政诉讼、环境刑事诉讼。

环境公益诉讼是一种源于公众的事前遏制环境侵害发生的有效手段。[1] 环境公益诉讼是20世纪70年代源于美国的一种新的诉讼形态。通常理解为以个人、组织或者机关为原告，以损害国家、社会或者不特定多数人利益的行为为对象，以制止损害公益行为并追究公益加害人相应法律责任为目的，向法院提出的特殊诉讼活动。[2]

（二）环境公益诉讼的分类

环境公益诉讼分为普通环境公益诉讼和环境公诉两类：

普通环境公益诉讼分为环境民事公益诉讼和环境行政公益诉讼。环境民事公益诉讼即公民或者组织，针对其他公民或者组织侵害公共环境利益的行为，请求法院提供民事性质的救济。环境行政公益诉讼即公民或者法人（特别环境NGO），认为行政机关的具体环境行政行为危害公共环境利益，向法院提起的司法审查之诉。

环境公诉是环境公益诉讼的新发展，作为一种新的环境诉讼形式，特指作为国家公诉人的检察机关，为了保护公共环境利益，以原告身份，通过公诉的形式，以制止和制裁环境公益的侵害行为为目的，向法院提起的诉讼。具体分为环境刑事公诉、环境民事公诉和环境行政公诉。

（三）环境诉讼的法律定位

环境诉讼的公益性主要指准许社会成员，包括公民、企事业单位、社会团体依据法律特别规定，在环境受到或可能受到污染和破坏的场合，为维护环境公共利益不受损害，针对有关民事主体或行政机关向法院提起诉讼，环境诉讼公益性主要是由环境损害特殊性、环境权、环境侵权复杂性决定的。

（1）环境损害的特殊性表现在一定程度的允许性乃至合法性。一般

[1] 汪劲：《中国的环境公益诉讼何时才能浮出水面?》，法律出版社，2007年5月版，第43页。

[2] 别涛：《中国的环境公益诉讼及其立法设想》，见别涛：《环境公益诉讼》，法律出版社，2007年5月版，第1页。

来讲，环境损害是由社会活动造成的，对应社会活动的不同，环境损害可分为产业损害、消费损害、运输损害、建设损害、农业损害。这些损害在法律价值的判断上，相对于一般侵害行为，具有相当程度的“社会合法性”，因此，并不一定存在传统诉讼法的“适格”原告，这就决定了环境诉讼法必须具有公益性才可发挥应有作用。[1]

（2）环境权作为一项基本人权，要求环境法律关系的主体享有舒适健康的生活环境以及能够合理利用环境资源。因此，环境权是一项社会公共性权利，无论何人在何处实施环境损害，都是对所有人的环境权的损害，因此，必须赋予社会成员提起诉讼的权利。

（3）环境侵权的复杂性表现为：加害方与受害方的不对等性，受害方为弱势地位；环境侵权的对象、范围和程度复杂；环境侵权的损害发生具有潜在性和滞后性；受害主体具有广泛性和差异性。因此，环境侵权行为复杂性要求无直接利害关系人成为环境诉讼的适合诉讼人，来维护环境公共利益。

综上，保障环境诉讼公益性的实现是使环境免遭侵害的必要，是对传统的诉讼制度的超越，传统诉讼在保护环境方面的不足，决定了我们有必要在传统诉讼之外，寻求新的诉讼机制，以实现环境公平。因而建立专门的环境诉讼机制，是环境诉讼更新的目标与要求，是环境诉讼的价值所在和环境保护的立法追求。

（四）环境诉讼的作用

由于环境诉讼是指当事人将环境纠纷交给法院，将法院按照法律规定的程序解决环境纠纷的过程。环境诉讼是人类解决争议的方式从私力救济过渡到公力救济的标志，也是一个社会中最权威和最终的纠纷解决方式，由于有国家强制力做保障，通过预设的诉讼程序，由具有专业知识的法官根据法律规则作出具有拘束力的判决，在解决环境纠纷方面，环境诉讼更

[1] 高媛：《环境诉讼的公益性及诉讼法保障探析》，载《黑龙江省政法管理干部学院学报》，2007 年第 3 期，第 101 页。

具权威性和正统性，[1]对其他的诉讼外纠纷解决方式都具有指导和监督作用。

环境诉讼的作用是环境诉讼目的的实现所产生的效用。在现代法治社会，国家设置环境诉讼制度的目的在于为当事人提供充分的、完善的程序保障，并在这种保障下实现制定法所确立的权利义务关系和法律秩序。环境诉讼还隐含着对各种与环境公益有关的间接的社会关系受到调整，为全体社会确立有关环境公益的行为指南，确认环境公益的价值，甚至可能影响当地社会环境、经济政策的制定和执行，推动既有环境法律的发展。[2]

需要强调，环境公益诉讼的出现，是公众环境意识觉醒和司法进步的表现，对于便利公众参与国家事务的监督和公共事务的管理，对扩大公民对环境事务的有效参与，促进社会公平、正义，推进环境决策的民主化进程，提高社会法治化水平等都具有积极促进作用。

二、我国环境诉讼的缺欠

我国传统的环境诉讼制度是在没有环境保护意识和观念的情况下发展起来的，随着我国开发利用环境资源的力度加大，环境污染的增多，以及复杂的环境问题的显现，传统的环境诉讼捉襟见肘，暴露出许多问题和缺欠。

（一）环境诉讼制度的立法不健全

我国自 1979 年颁布《环境保护法》（试行）以来的 30 年中，环境法律体系初步建立，先后确立了一系列污染防治法和自然资源保护法。进入新千年，我国环境法制进一步完善，2008 年制定《循环经济促进法》等，构成了我国丰富的环境法体系。应当看到，30 年来的环境法制建设的主要特征是“重行政，轻民事”，法律规定大多是行政管理措施，缺少公众通过民事诉讼方式来保护环境和实现环境权利的规范。长期以来，在环境治理模式的选择上，我国推行行政强制命令型模式，导致环境行政管理机

[1] 齐树洁、林建文：《环境纠纷解决机制研究》，厦门大学出版社，2005 年 8 月版，第 263 页。
[2] 齐树洁：《环境诉讼与当事人适格》，载《黑龙江省政法管理干部学院学报》，2006 年第 3 期，第 1 页。

构的工作人员出现寻租动机，甚至出于地方保护主义，不能有效实施环境保护行为。[1] 另外，一个重要特征是“重实体、轻程序”。30 年来的环境法制建设，从性质上看，大多属于实体法规范，内容虽然完备，但程序内容却鲜见，关于环境纠纷处理的方法只是零星地夹杂在实体规范中，未形成完整的环境程序法制，致使许多环境侵害、环境纠纷得不到及时有效地解决。

（二）环境诉讼主体资格受限制

按照传统诉讼法学理论，社会公众不得对与自己无关的利益主张权利，只有当自己的合法权益受到违法侵害时，才具备起诉资格。在现代社会，传统的诉讼制度已不能适应社会发展的需要。因环境侵害具有广泛性、长期性、隐蔽性、复杂性等特点，有时发生的环境侵权并没有直接利害关系人，或者是涉及不特定的多数的间接利害关系人。对此，传统的环境诉讼制度要求，会导致国家环境公益、社会环境公益以及不特定多数人的环境利益受到侵害却得不到法律救济。也就是说，对原告起诉资格的限制，与环境保护要求相矛盾。应当说，环境权益不仅属于私人利益，更属于社会公益，环境污染和环境破坏必然导致每位社会成员的利益直接或间接受到损害。因此，应扩大公民的诉权范围，允许公民向排污者提起诉讼，放宽提起环境诉讼主体资格的限制。

（三）环境诉讼时效有待延长

诉讼时效是一种消灭时效，一旦权利人在诉讼时效期间内不行使权利，就丧失胜诉权。诉讼时效由两要素确定，即起算点和时间长度。我国《环境保护法》第 42 条规定，因环境污染损害赔偿提起诉讼时效的期间为三年，从当事人知道或者应当知道受到污染损害时计算。可见，我国环境侵害诉讼时效比普通诉讼时效长一年。但是，如果受害人一直不知道其受害事实，诉讼时效是否就一直不开始计算呢？并非如此。我国《民法通则》第 20 条规定，从权利被侵害之日起超过 20 年的，人民法院不予保护。有

[1] 史玉成：《环境公益诉讼制度构建若干问题探析》，载《现代法学》，2004 年第 3 期，第 158 页。

特殊情况的，人民法院可以延长诉讼时效。这样的规定，是当时立法者仅从一般侵权行为特点出发，认为20年诉讼时效足够了，但是，对于环境侵权行为来说，远远不够。环境侵害过程的复杂性、损害后果的渐进性和潜伏性使得即使适用20年的最长诉讼时效，有时依然不能充分保护受害者的环境利益。

（四）因果关系推定缺乏法律依据

在环境诉讼中，如果按传统理论，由原告举证证明加害行为与损害事实之间存在因果关系，势必增加环境损害因果关系判定的难度，最终就很容易出现封闭受害人获得民事救济的途径的状况。因而，在环境诉讼中，在损害行为与损害结果之间的因果关系的认定上，不再采取传统法所采用因果关系确定原则，而只要达到或然性标准就可以了。一般来讲，因果关系推定的理论和方法是多种多样的。在实践中，因果关系的推定，没有一个普遍适用的统一的方法。因为环境案件是复杂和多样的，它需要多样性的因果关系推定方法甚至是组合的推定方法与之相对应。在我国建立适合环境案件解决的因果关系推定规则，有必要突破传统的必然因果关系理论，建立新的符合环境侵权损害特点的因果关系的判定方法。应当根据不同情况采用疫学因果说、盖然性说、间接反证说、事实自证说等方法来推定。我国环境民事司法实践中，已有对因果关系推定的运用，并取得良好效果，但目前环境法中尚无明确规定，导致对因果关系推定的运用没有法律上的依据，带来不必要的麻烦。即使民法也无明文规定，给环境诉讼带来一定困难。[1]

（五）我国欠缺独立的环境损害赔偿制度

我国规定环境损害赔偿制度的法律主要有《民法通则》和《环境保护法》以及其他单行法。如《民法通则》第124条规定，违反国家保护环境防止污染的规定，污染环境造成他人损害的，应当依法承担民事责任。总

[1] 焦保华：《浅析环境诉讼的若干特点与现实意义》，载《干旱环境监测》，1996年12月第10卷第4期，第227页。

体来看，因上述法律规定在环境污染损害赔偿的具体操作方面的规定比较简单，使实务部门在解决环境纠纷时无具体规定可依，使环境侵害受害者提起环境诉讼的底气不足。[1] 同时，《民法通则》规定的环境损害责任包括违法性要件，而《环境保护法》则不要求违法性要件，使得实务部门的做法不能统一。更为重要的是，环境民事侵权遵循同质赔偿原则，即赔偿的数额应以受害人的实际损害为标准。不允许惩罚性赔偿的运用。按照该原则，精神损害和环境权益的损害因无法确定而被排除在赔偿之外，一方面放纵了恶意或疏忽大意的环境侵权者，一方面不利于受害者救济和环境权益保护。

（六）我国缺乏支撑环境诉讼的社会氛围

由于我国欠缺独立的环境污染赔偿法律制度，环境诉讼形成社会的结构性障碍：

（1）公民环境法律意识和诉讼意识淡薄，受害者通过诉讼途径解决纠纷的法律信心日益削弱；

（2）评估鉴定机构不健全、门槛过高，受害者往往被拒之门外；

（3）环境 NGO 发育不成熟。环保 NGO 作为环境保护的组织化团体，能够担当起环境公益诉讼之责。但是，我国环保民间组织目前主要定位为进行环境教育，宣传环境知识，提高公众环境意识，并不能参与和监督政府环境政策，更不能作为利益团体或利益团体的代表提起环境诉讼。[2]

三、构建有中国特色的环境诉讼制度

环境诉讼源于美国，后许多发达国家所采用，成为保护环境，实现环境权益的重要措施。但我国立法、司法中均未得到确立，需要借鉴美国等发达国家经验，构建适合我国国情的环境诉讼制度。

[1] 唐艳辉：《环境诉讼发展需要排除几大障碍》，载《中国环境报》，2007 年 11 月 29 日。

[2] 张兰、孙绍伟：《我国环境诉讼的困境及原因剖析》，载《重庆工商大学学报》（社会科学版），2006 年 12 月第 23 卷第 6 期，第 78 页。

（一）构建环境公益诉讼制度

美国的环境公益诉讼制度已经实行了 30 多年，从实践效果看，确实对促使主管机关和污染者积极执法与守法起到了重要的作用，可以说是一项比较成熟和成功的制度。多年来，理论界对我国建立环境公益诉讼制度呼声不断，未得到立法机构的回应。但是，2005 年国务院发布的《国务院关于落实科学发展观加强环境保护的决定》提出，研究建立环境民事和行政公诉制度，还提出发挥社会团体的作用，鼓励检举和揭发各种环境违法行为，推动环境公益诉讼，这是国家首次明确提出推动环境公益诉讼。本文认为建立环境公益诉讼制度，首先要转变观念。在环境保护中引入公众参与制度，将环境保护整体工作纳入法制化轨道。其次，要确立充分的公益诉讼制度法律依据。从现有法律规定看,《环境保护法》第六条规定一切单位和个人都有保护环境的义务，并有权对污染和破坏环境的单位和个人进行检举和控告。有学者将上述法律规定中的控告解释为包括向法院提起诉讼，但该条款内容过于原则。依据《民事诉讼法》、《行政诉讼法》关于当事人起诉条件的规定，条款内容无法在实践中予以执行。设立公益诉讼制度，要在法律上明确规定公益诉讼条款。具体立法模式有两种：一是可以在《环境保护法》中规定环境公益诉讼条款，二是在环境保护单行法中分别订立环境公益诉讼条款。应当强调，在单行法中订立公益诉讼条款针对性强，更具灵活性，实践中易于操作，可为《环境保护法》中规定公益诉讼条款积累经验。

（二）制定环境损害赔偿法

我国目前的环境损害赔偿立法和德国较相似，分别规定于民法典和各种特别法中，这使得有关环境损害赔偿的法律较分散、不系统。我国现有的法律规定过于原则抽象，有的还相互矛盾，缺乏可操作性。鉴于此，我们必须加强环境损害赔偿立法。如果停留在对现有法规的修修补补上，仍然无法摆脱我国环境损害赔偿的法律适用杂乱无章的局面。因此，尽快制定一部专门的环境损害赔偿法。需要强调，德国的危险责任法有责任最高限额，其限额一般按照平均损害金额以及德国联邦统计局发布的生活费用指数和零售价格指数等统计数据来确定。根据我国的法律规定，环境损害赔偿责任属无过失责任，无过失责任的基础是基于公平正义的理念。若让无任何过失的加害人承担无限额的赔偿责任,对于加害人不仅是不公正的,而且因赔偿无限额可能使企业破产，不利于我国经济的发展。

（三）完善精神损害赔偿

中国对环境侵权的救济方式单一，只限于损害赔偿，这就出现一个误区，有经济实力的企业为保证经济的高速发展，不惜以污染、破坏环境为代价,甘愿赔偿受害者经济损失,因为它们的利润额远远超出了赔偿金额。需要指出，环境除对一般的人身损害、财产损害外，还应包括相关的精神损害,特别是对人们拥有健康、安全、舒适、宁静、优美环境的权利侵害。[1]在日本，有关环境侵权损害赔偿诉讼的下级审判决中，出现了不以确认赔偿个别的损害为目标，而以包括财产损害、精神损害等一切损害在内的以“抚慰金”为请求目标的损害赔偿请求的判决。在基于同一原因而遭受生命侵害或致身体伤残的多数原告请求的损害赔偿事件中，包括财产损害、精神损害等一切损害在内的以“抚慰金”为请求目标的请求形式，日本称为包括请求。我国应借鉴日本对环境污染侵权精神损害赔偿及间接损害赔偿作出具体规定,填补法律空白,或者赋予法官环境损害精神赔偿裁量权,关怀受害人，彰显环境正义与公平。

（四）构建我国环境诉讼制度坚持的价值原则

学习借鉴发达国家的环境诉讼制度理论与实践经验是必要的,但同时,必须发现、掌握、了解其背后的法理价值，这对构建有中国特色的环境诉讼制度具有重大的指导意义。本文认为,今后应当坚持的价值原则主要有:

（1）坚持环境自由的价值。自由是对客观规律的认识和对必然的驾驭，也是对客观规律的认同。[2]在可持续发展模式下，自由价值要求人类

[1] 钭晓东：《论环境法功能之进化》，科学出版社，2008年5月版，第133页。

[2] 张文显：《法哲学范畴研究》（修订版），中国政法大学出版社，2001年10月版2003年1月第2次印刷，第207页。

的发展不能只从人类的福利考虑出发，而要同时考虑其他生命物种的生存问题。必须同时兼顾两个基本原则，即“有利于人类生存”和“有利于生态系统的动态平衡”。我们所认识的自由将不再是开发资源、改变环境的绝对自由，而是开发与利用资源的相对自由，限制人类发展经济的绝对自由，把其他生命物种的生存延续和生态平衡纳入人类社会经济发展计划之内，实现人与自然的和谐发展。因此，环境诉讼制度的构建应体现环境自由的价值观。

（2）实现环境正义的价值。正义是法的价值追求中的永恒目标，是法的内在精神蕴涵。环境正义是用正义的原则来规范人与人之间的社会关系和人与自然的关系，环境正义提供了一种公平分配权利义务的办法，确定了环境利益划分的方式和环境负担的承受的适当比例。任何主体的环境权益都有可靠的保障，强调在整个社会中保障个人或群体应得到环境权益的重要性，[1] 当环境权益受到侵害时均能得到及时有效的救济，对任何主体违反环境义务的行为都要予以及时有效地纠正和处罚。正义是自由、平等、权利的精神家园，正是环境正义极大地推动了环境法制的进化，推动了环境法制内在价值的转换。所以，我国环境诉讼制度的价值要走多元化的道路。

（3）维护环境秩序的价值。传统法律的秩序价值取向仅指社会秩序，是与其仅调节人与人之间的关系所决定的。但环境法的秩序价值不仅包括社会秩序，还要包括非社会性质的自然秩序。现代环境法将法的秩序价值由社会秩序扩展到自然领域。环境法的自然秩序更具基础性，是自然规律的体现，它制约着包括人类在内的地球上所有事物的活动，是其他一切秩序的基础。为此，环境诉讼制度的目标应是追求生态平衡和人与自然的和谐。在环境法的秩序价值中，自然秩序应该处于重要和优先的位置。

（4）确保环境安全的价值。环境安全反映了人类对由环境破坏导致的安全问题的深切关注。其内容包括：第一，生态环境处于良好的或不受破坏的状态，防止环境质量低劣削弱经济发展的支撑力。第二，保障一切自

[1] 曾建平：《环境正义发展中国家环境伦理问题研究》，山东人民出版社，2007 年版，第 9 页

然事物处于相对稳定状态，防止因环境破坏和自然资源的稀缺引发社会不满，产生环境难民，导致局势动荡。环境安全其实在整个国家安全体系中已处于举足轻重的地位。鉴于我国现行立法中“经济至上”色彩浓厚，因此，构建我国环境诉讼制度有必要依照环境安全的指导思想，重新审视人与自然的关系，对现行法律予以更新。

（五）构建符合社会发展需要的环境诉讼

构建我国环境诉讼制度，应优先考虑我国市场经济成熟程度与公民社会的发育水平，这是制度确立的前提条件。如果前提不成立，即使学习或移植发达国家先进法律制度，也是空中楼阁。因此，需要注意法律外来化与本土化的有机结合。目前，我国正处于社会转型之中，这种转型包含从落后国家向发达国家的发展意义上的转型，还包括从计划经济向市场经济转变意义上的转型，[1] 因此，无论从社会组织的转型、还是社会成员身份系列的转型，乃至社会生活方式、社会人格转型，社会价值观念转型都处转变之中，未能定型，这就决定我国环境诉讼制度的构建应当是渐进的和试错的。应当承认，在社会转型时期，多元化的社会价值赋予正义和权利以丰富的内涵，当事人基于不同的诉讼动机追求不同的程序利益。[2]

构建我国环境诉讼制度，要确立环境诉讼制度的保障措施。任何权利的保障都离不开司法救济，而司法救济必须要有相应的程序保障。环境诉讼功能的充分发挥，应从以下几方面着手构建环境诉讼的保障措施。

（1）推进审判方式改革。90 年代以来我国不断推行司法改革，改革目标模式是适应严格执法和司法公正的要求，建立一套公正的、公开的、民主的、高效的审判程序制度。[3] 但是，我国目前环境诉讼中，因法院未能发挥功能，使公信力危机充斥在各个环境纠纷案件中。为保证审判权的行使，必须确立审判权的权威性，建立高素质的环境诉讼办案队伍，保证

[1] 贺善侃：《当代中国转型期社会形态研究》，上海世纪出版集团学林出版社，2003 年 12 月版，第 22 页。

[2] 齐树洁：《司法理念的更新：从对抗到协同》，载徐昕：《纠纷解决与社会和谐》，法律出版社，2006 年 2 月版，第 36 页。

[3] 王利明：《司法改革研究》，法律出版社，2001 年 1 月版，第 325 页。

环境诉讼案件得到合法、高效的审理。

（2）建立专门的证据规则，对于专家证人、证据效力等问题进行明确，针对环境问题的因果关系认定不易、举证困难的特性，为确保环境诉讼尤其是环境公益诉讼功能的发挥，应当对环境污染、生态破坏所引起的环境侵权均实行无过失责任原则，明定实行因果关系推定原则、举证责任倒置原则。

（3）建立环境公益诉讼的法律援助制度，正义的实现是从律师开始的。国外的公益诉讼一般都是由律师或团体发起。[4][1] 我国虽已建立律师法律援助制度，但该制度在实施过程中还存在一定问题，律师主动介入环境公益诉讼的情况还不多见，有必要予以加强；

（4）降低费用，由于环境公益诉讼案件诉讼费用非常昂贵，所需费用往往为公民个人和一般环保组织难以承受。我国有必要吸收其他国家的先进做法，规定较低的公众提起环境诉讼的费用，对诉讼费用的分担做有利于原告的规定。

完善环境诉讼程序。根据我国国情，要解决环境诉讼上的程序性问题，具体操作如下：修改我国现行的三大诉讼法，使诉讼程序规定合乎环境诉讼的要求；修改现行的环境保护法，采用将环境程序法与实体法集于一身的立法模式；通过最高法院的司法解释，对诉讼法中的起诉人资格、受诉人范围等规定做出扩大性解释，解司法实务中的燃眉之急；制定专门的环境诉讼法，与现行的环境保护法及相关法规一起，构建一个完备的环境法律体系；通过水污染防治法、大气污染防治法等环保单项法律的修订，设立专门的环境诉讼条款；通过民事诉讼法、行政诉讼法的修改，设定环境公益诉讼程序。

总之，完善传统环境诉讼、构建环境公益诉讼的意义在于：通过诉讼获得司法支持，有效地制止环境污染和破坏行为，达到保护环境、维护公

---

[1] 村松昭夫：《日本公害审判制度的改进与律师的作用》，载王灿法：《环境纠纷处理的理论与实践》，中国政法大学出版社，2002 年 7 月版，第 207 页。

民环境权益的目的，鼓励公民参与环境保护，维护公共利益，提高公众参与环境保护的意识，促进环境保护运动的发展，改变传统诉讼事后救济的被动性，对可能危害环境利益的行为采取措施，防止环境公害的产生。通过扩大司法权力，推动法院在诉讼中行使裁量权，平息环境法律条文的争议，堵塞法律漏洞，促进环境法制的发展。应当看到，环境诉讼制度是与传统诉讼具有质的差别的新型诉讼制度,它在我国的建立绝不会一蹴而就，需要深入细致的理论和实践探索。建立有效的环境诉讼制度需要修改和完善许多相关的诉讼法律规定，就环境诉讼作出专门的制度安排，规定应明确、具体，具有可操作性，使环境诉讼有法可依、有章可循。这套制度的建立不仅将促进对环境公共利益的保护，还将带动其他领域诉讼制度的发展，推进中国的法治化进程。

第二节　应对环境危机的环境刑法论

当下，人类正面临的环境危机，突出地表现为构成人类生存基础的生态系统遭到严重破坏，其实质是人类自身的生存危机。作为应对这场危机的法律对策，仅凭环境行政法、环境民法难以完全有效应对，环境刑法作为法律上解决环境危机的最后手段受到高度重视。20 世纪 80 年代以来，发达国家纷纷调整传统的刑事立法，一定程度上扩大了刑法的法益保护范围，出现了将重大环境破坏行为加以犯罪化的趋势，尤其是将抽象的危险犯列入研究视野，被视为环境破坏防止于未然的有效手段。

一、研究环境刑法功能的必要性

传统法律将财产和人身利益作为保护法益，但是，随着环境被急剧破坏，环境利益已成为法律保护的新的法益。环境利益总体上分为基于个体产权产生的个体环境利益和基于跨越个体产权界限的公共环境利益。环境利益是人类生存的基础，直接关系到社会可持续发展，因而属于法律保护的重大利益。在行政手段和民事手段对重大利益干预无效的情况下，需要刑法对严重污染环境、破坏环境的行为做出严厉的刑事制裁。环境刑法是规定环境犯罪、刑事责任及刑罚的法律，生态文明时代的环境刑事立法应当以生态人文中心主义为指导，将生态环境安全纳入刑法领域，规定环境犯罪，适用刑罚规制环境犯罪人，防止或减少人类对生态环境的破坏，维护环境安全和生态平衡。

运用刑罚手段惩治环境犯罪比运用行政手段具有一定优势：首先，一般来讲，行政责任追究是由国家行政机关来追究，而刑事责任追究是由司法机关来追究，司法机关体现的国家意志的强制性和严肃性比较强，产生的社会效果更为广泛；其次，对行为人追究刑事责任，对行为人具有威慑作用，一定程度上起特殊预防效果，同时，对行为人的有罪宣告，可产生广泛的社会影响，教育其他公民，能起到一般预防作用；再次，将严重危害环境的行为犯罪化，既能突出环境保护的重要性，又能提高公民环境保护意识。[1] 以上说明，环境刑法具有相当大的作用，理论上，环境刑法的功能具有开拓潜力的空间。

刑法功能是指刑法客观上能够发挥的积极作用，是刑法以其结构和运作所能产生的功效。传统的刑法彰显的社会功能主要是：

（1）规制的功能，即规定一定的行为为犯罪，对此，预告害恶的刑罚，对国民发出不希望作出这样行为的忠告，即规制国民行为的功能。

（2）社会秩序维持功能，刑法的存在在于保护社会秩序，具体承担着法益保护功能，通过刑法规范，保护法益；通过刑法实践，期待保护社会生活的一定利益，同时，刑法还承担着一般预防功能，即让社会一般人远离犯罪的功能，一旦犯罪就科以这样的刑罚，即威慑功能，还承担着特别预防功能，即对特定者，将来不希望从事犯罪的功能，也是通过刑罚公正处置犯罪者的功能。

---

[1] 蒋兰香：《环境犯罪基本理论研究》，知识产权出版社，2008 年 8 月版，第 7 页。

（3）人权保障功能，保障一般善良国民自由的同时，也保障犯人自身的自由功能，抑制刑罚权滥用。在确认传统刑法功能的基础上，至少我们有必要深入研究环境刑法的环境秩序维护功能，保护法益功能，环境污染和破坏的预防功能，彰显新的伦理价值功能等。

二、环境刑法功能在环境保护中的定位

传统刑法立基于人本主义，注重调整社会关系，环境并没有成为真正关注的重心，它的知识体系是从根本上忽略了环境。因此，当出现环境问题或环境危机时，往往爱莫能助、无能为力。因此，刑法需要革命，需要重构。此外，刑法的谦抑主义原则要求，刑法不应当是将所有的违法行为和有责行为都当做当然的处罚对象，刑罚只是在必要的不得已的范围内适用。刑罚不仅常常对法益保护有益，也会增强犯人家属的有形或无形的负担，若不使用刑罚就能解决问题，就尽量不使用刑罚。由此，在革命与谦抑之间，必须寻求平衡，必须给环境刑法准确的法律定位。

刑罚具有巨大威慑力，在行政手段和民事手段无法达到理想保护效果的前提下，需要将环境违法行为犯罪化，意义在于拓宽刑法干预的范围，实现对环境破坏行为的行政违法和民事违法评价的一体性，增加环境保护的有效途径，充分发挥刑法保护环境权益的作用。当然，刑事手段保护环境虽然威慑力强，惩罚作用明显，但也有一定负面效果，若将过多的环境违法行为犯罪化，会直接窒息经济发展，这就要求环境违法行为犯罪化程度既不能太高，也不能太低。因此，需要对环境刑法进行理性定位。首先，环境刑法对环境行政法而言具有补充性，这是由环境违法行为的实际情况和刑法的本质特征所决定的。刑法是最后的保障法，仅适用于环境违法行为中最严重的那部分。大部分环境违法行为需要动用环境行政法和环境民法，如果大规模使用环境刑法手段，显然违反刑法的谦抑性原则，容易浪费刑罚资源。其次，环境刑法发挥的作用具有有限性，刑事制裁只是专门

用以处理极端严重的环境污染罪行的，刑罚本身也属于恶，只有它可能排除更大恶害时，才能适用。需要强调，尽管环境刑法是辅助手段，作用有限，但不能由此否认环境违法行为犯罪化的积极效果，环境刑法的威慑作用是其他任何法律无法替代的。

需要指出，环境刑法的目的和初衷是为了防止和惩治环境犯罪行为的产生，主要性质与刑法的内在性质基本是一致的，都是控制或打击违法与犯罪的法律，同时，环境刑法又能积极贯彻落实环境法预防原则，客观上，还具有环境教育和环境意识启发功能，因此，环境刑法属于刑法与环境法的混合法，是法律功能对照社会现实需求自我实现的进化。

三、环境刑法的概念与特点

（一）环境刑法概念

环境刑法指所有规定环境犯罪、环境犯罪的刑事责任及其相应刑罚的法律规范。一般可分为形式意义的环境刑法和实质意义的环境刑法。所谓形式意义的环境刑法是指在防止环境保护障碍的法律、条例中规定的罚则总体。所谓实质意义的环境刑法，也称理念意义的环境刑法，是从犯罪论观点，寻求本来应受保护的法益而形成的环境刑法。

有的学者还从广义和狭义角度，分析了环境刑法。广义环境刑法是指与环境相关之不法行为，触犯下列法律领域而言，包括：

（1）传统核心刑法，即环境相关之不法行为，触犯普通刑法典中之相关规定，如公共危险罪、毁损罪等。

（2）特别刑法，行政刑法或附属刑法中，规范环境相关之不法行为，而赋予刑法上刑名之规定。

（3）附属刑法，环境行政法中相关环境秩序法规范，亦为广义环境犯罪的范畴。

（4）国际刑法中惩治环境犯罪部分等。

（5）环境刑法与其他各种法律之关系，如宪法、行政法、民法中，一切环境相关之不法行为均属之。

狭义环境刑法，指以保护环境、制裁重大环境污染与环境破坏行为之刑法条款。包括：

（1）环境与传统核心刑法，即与环境相关之不法行为，触犯普通刑法之条文，如公共危险罪、伤害、毁损罪等。

（2）环境法益与环境行政刑法，如违反空气污染防治法之刑法上刑名之罚则。

上述广义环境刑法的定义，存在重大缺欠，即没有将环境违法行为与环境犯罪行为明确区分，一般的环境违法行为，不应属于环境刑法的调整范畴。将触犯普通刑法和环境行政刑法的环境犯罪行为及罚则作为狭义环境刑法的定义比较贴切和可取，但论者并未勾勒出完整的环境刑法概念。[1]

从不同的视角可以给环境刑法下不同的定义，从刑法保护法益的视角，可以把环境刑法定义为以人的环境利益为保护法益的刑法规范的总称，这一定义也可以称为实质定义。从刑法规范自身特征的角度，可以把环境刑法定义为条文内容涉及到污染和破坏环境要素及其系统、属性、功能的刑法规范的总称，这一定义也可以称为形式定义。从实质上定义的环境刑法，即狭义的环境刑法；从形式上定义的环境刑法，即广义的环境刑法。

从环境刑法的构成来看，大陆法系国家以德国与日本为代表，在环境刑事立法方面，都在刑法典中规定刑事责任条款。德国的立法模式是刑法典中心主义，日本是特别刑法中心主义。英美法系国家的刑法体系对环境犯罪无明确规定，缺乏独立的环境刑事立法，环境刑法主要以附属刑法为主，即附属在环境行政法条文之中，在适用上仍然以普通法及特别刑法的原理为辅助，与环境行政法相比，刑法处于次要的地位。

我国环境刑法的主要构成包括三个部分：

（1）刑法典规定，现行刑法典第 6 章第 6 节设置了“破坏环境资源保

[1] 王秀梅、杜澎：《论环境刑法的概念与特性》，载《人民检察》，2008 年第 5 期，第 10 页。

护罪”的规定，具体为重大环境污染事故罪，非法处置进口的固体废物罪，擅自进口固体废物罪，非法捕捞水产品罪，非法猎捕、杀害珍贵、濒危野生动物罪，非法收购、运输、出售珍贵、濒危野生动物、珍贵、濒危野生动物制品罪，非法狩猎罪，非法占用耕地罪，非法采矿罪，破坏性采矿罪，非法采伐、毁坏珍贵树木罪，盗伐林木罪，滥伐林木罪，非法收购盗伐、滥伐的林木罪。同时，还将单位环境犯罪以专条形式加以明确。

（2）单行刑事法规规定的内容，1997 年刑法典修改前，我国颁布了大量单行刑事法规，其中就有环境犯罪的规定，1997 年刑法典修改后，原来的单行刑事法规已被纳入刑法典，失去了法律效力，但刑法典修改后，我国又出台了单行刑事法规，如《环境刑法修正案》等，有些也规定了环境犯罪的内容，因此，规定有环境犯罪内容的单行刑事法规应是环境刑法的组成部分。

（3）附属刑法，主要规定在行政法规、民事法规中，用“违反本法规定，情节严重的，依照刑法追究刑事责任”，来衔接与刑法的关系。[1] 附属刑法有，1995 年的《大气污染防治法》、《固体废物污染环境防治法》，以及 1996 年的《水污染防治法》分别创立了大气污染罪、违反规定收集、贮存、处置危险废物罪、水污染罪三个新的罪名。

（二）环境刑法的特点

（1）环境刑法的多样性。由于环境刑法涉及的内容非常广泛，故其内容难为普通刑法全部包容，环境刑法规范大量分散在其他法律法规中，因而形成多样化的立法模式。如我国《水污染防治法》、《大气污染防治法》、《固体废物污染环境防治法》、《野生动物保护法》，《土地管理法》、《森林法》等环境法律中均设有追究环境犯罪刑事责任的条款。随着社会经济的不断推进，尽管环境刑法的调整内容会相应有所变动，但其整体格局一般不会发生较大变化。无论世界各国采用何种形式的环境刑事立法，在惩治环境犯罪的基本内容上差别甚微，只是在具体罪名多少、刑罚严厉程度强弱上

[1] 蒋兰香：《环境刑法》，中国林业出版社，2004 年 5 月版，第 6 页。

有所差异。

（2）环境刑法的行政从属性。所谓行政从属性，是指依据环境刑法条文规定，其可罚性的依赖性，取决于环境行政法的行政处分。一般来讲，环境规制主要是行政的任务，行政禁止环境破坏行为有两种方法：一是抑压性禁止；二是预防性禁止。前者是对有害的破坏行为，行政在一定条件下的禁止；后者是从社会角度，是对破坏行为与显著危险联结在一起的禁止。对环境犯罪规制，主要与前者的禁止有关。环境刑法无疑依存于行政，依据行政法从属行政行为决定刑罚的成立与否。若是适正性行政行为，基于此的环境破坏行为也就适正，若行政行为违法，环境破坏行为也就违法。但是，有瑕疵的许可限于无效也具有法律拘束力，因是有效的，即使是基于有效的许可的环境破坏行为，也是适法的。即使是违法的行政行为，到有权机构取消前因拘束力存续，环境破坏行为也是适法的，这样一来，行为的违法性依存于行政，因“行政不会为恶”，限于依存行政就成为不可罚，由此，刑事司法接受通过行政的控制被视为正当。刑事处分自然依据行政法规和从属行政行为进行判断。因此，环境刑法具有从属性的特征。

（3）环境刑法的超越性。超越性是指环境刑法对传统刑法理念的冲击性特征。环境刑法适用于环境犯罪的基本原则及理论有别于传统刑法理论的旧有模式，然而，对于环境刑法而言，尽管环境犯罪作为一种独立的犯罪类型，但仍应坚持刑法有关犯罪与刑罚的基本原则及理论框架。在此基础之上，才能构建环境刑法本体理论框架的特有原则和理论。因此，环境刑法必须具有独自的原则及理论。[1] 这里着重强调两点，首先，环境刑法在法益保护方面，应超越对“现在人”、“现代人”，的保护，应当还要保护“下代人”，由此，具有划时代的特征，同时，必须构筑独自的法益概念，基于这样的概念，形成环境刑法独自的犯罪构成。其次，从法益层面，必须排除行政从属性。环境刑法的行政从属性是阻挡其发挥生态保护作用的根本性障碍。而从环境刑法的生态本位的要求来看，应当将危害环境的行

[1] 杜澎：《环境刑法的基本原理》，西南政法大学博士论文，2006 年 9 月，第 45 页。

为径直规定为环境犯罪，即促成危害环境行为的全面刑事化。[1]

四、环境刑法保护法益

（一）环境刑法的保护法益

环境刑法法益是指环境刑法保护的人们对于环境所享有的生态利益、精神利益、生命健康利益和财产利益。由法律所保护的利益，我们称之为法益。法益就是合法的利益。法益是指法律所保护的人们的利益，是评判犯罪的重要标准。环境法益是环境法律所保护的人们对于环境所享有的利益，是指对人们具有一定意义的公共环境利益，属于超个人法益，其实质是环境生态利益。[2] 环境犯罪的本质是行为人实施的对环境要素的破坏，进而对生态平衡、对人类财产、人身利益造成危害的行为，其侵害的利益具有多重性，即生态利益、人身利益、财产利益等。那么环境刑法所保护的法益是什么呢？在环境时代，环境刑法的法益应是环境刑法规范所保护而为环境犯罪所侵害的人们共同享有的生态利益，即环境法益。

（二）环境法益三论

（1）纯粹生态学的法益论。该说是以生态学的环境自体（水、土壤、空气）和其他的环境利益（动物、植物）为保护法益，处罚对生态学的环境和需要保护动植物的侵害。该说从根本上动摇着过去的以个人、社会及国家利益侵害为前提的犯罪思想。例如，对自然珍稀动植物的捕获、杀伤和给予生态系统影响的森林采伐等就有被定为犯罪的可能性，其利益主体是国家、还是人类全体、还是地球本身？进而，环境破坏其规模从一定地域生态系统到全球规模的生态系统给予影响，将其定为犯罪，就会出现何种程度规模的侵害是必要的等问题。这种犯罪，理念的法益因过于漠然，其侵害认定不能具体化，实际上通过法令违反来进行判断。这里，应发挥

---

[1] 张光君：《环境刑法新理念》，西南政法大学硕士论文，2006 年 4 月，第 66 页。

[2] 白平则：《我国环境刑法法益论析》，载《法学杂志》，2007 年第 4 期，第 11 页。

刑法的刑罚限定功能的法益论就有形态化的可能性。

（2）纯粹人类中心的法益论。该说主张环境本身不是保护法益，受到环境危害的人类生命、身体、健康是被保护法益。进而，环境侵害在间接地与侵害生命、身体、健康的危险连接的场合才会成为问题。由此，作为与生命、身体、健康无关系的公共品的环境保护不能作为法益。基于本说，理念的、实质意义的环境刑法就自然成为对通过侵害环境将生命、身体、健康等置于危险的行为进行处罚的法律。该说虽想保持与传统法益的联系，但对生命、身体、健康的间接保护，发生何种程度的危险才是必要的呢，客观基准的设定几乎是不可能。结果，所有的对人类有害的那样的环境侵害，也有相应程度，设定其界限就是困难的；相反，处罚时期有过迟的可能性。

（3）生态学的人类中心的法益论。该说承认水、大气、土壤、植物、动物作为独立的生态学法益，主张环境只有专门作为人类基本生活基础的功能应受到保护，也就是说，作为危害人类基本生活基础的环境侵害行应成为处罚对象。该说的法益是可移动到直接存在的法益（生命、身体、健康、财产等）的前阶段，结果，因人类生物学的发展，将危险回避作为共同体的任务。结果，从该说出发，理念的实质意义的环境刑法成为处罚作为人类基本生活基础的环境侵害行为的法律，其侵害未必以传统的生命、身体、健康、自由、财产等侵害危险为必要，这种法益成为人类的新环境权。在早期阶段，刑法介入成为可能。[1]

（三）环境法益的特点

环境法益具有以下特点：

（1）环境法益的主体只能是人，不包括动物、植物等，只有人的环境利益才能称之为法益，动植物没有社会意义上的利益。

（2）环境法益是一种新型的法益，是与社会环境公共利益的形成和发展密切联系的。传统上只有直接的人身、财产利益才受法律保护，与

[1] 中山研一等：《环境刑法概说》，日本成文堂，2003 年 10 月版，第 13 页。

人的环境有关的生态利益、精神利益作为一种重要的生活、生产利益，生存与发展利益，一种习惯性利益不受法律保护，不属于法益范围。传统法律对人身、财产利益的保护也是十分狭隘的，许多妨碍生命、健康、财产权益的行为，不属于违法行为，如使人寿命缩短的行为、妨害健康行为等。

（3）环境法益的内容包括物质利益和精神利益。环境物质利益一般不具有直接的财产属性，没有市场价值;环境精神利益具有观念性、抽象性、无形性、模糊性、主观性，如审美、休闲、娱乐、文化、科研等，这些特点给人们从法律上认定利益损害带来很大困难，经常被有意无意地忽视。

（4）环境法益与传统的人身、财产法益具有密切关系。在现代社会，如果不保护人的环境，不但人的环境利益得不到保护，而且传统上的人身、财产权益也会受到威胁、损害。保护环境直接地保护了全社会的环境公共利益，间接地保护了人身、财产权利。

以非人类中心主义作为伦理基础指导环境刑事立法，就必然要求将环境刑法保护的法益从人类本位回归生态本位，即保护环境生态系统的可持续存在和可持续发展。

五、环境刑法的功能进化

法律总是随着社会进程而向前发展的。随着人们对环境问题的关注，发达国家的刑法理论体系作出了改进和发展，刑事保护的环境资源范围不断扩大，对环境要素的刑事保护范围日益周全，在环境犯罪的刑罚设置上，广泛使用财产刑，将罚金刑上升为主刑，尤其是大陆法系国家处罚危险犯，在刑事政策的运用方面，注重保障人权，环境刑事立法既规定了严厉的刑罚措施，又规定了各种减轻或从轻处罚制度，为我国环境刑事立法提供了经验。

我国环境刑法的功能进化，应通过以下途径实现：

（一）实现生态人文中心主义价值

目前，我国环境刑法在遏制环境犯罪、保护生态环境方面并未发挥应有的作用，环境状况持续恶化，根本原因是我国环境刑法缺少恰当合理的伦理内核作为支撑。[1] 因此，构建新型环境伦理是我国环境刑法功能进化路径的首要选择，本文认为，我国现行刑法主要体现的是人类中心主义的伦理价值观，今后我国环境刑法伦理基础应是坚持生态人文中心主义，同时，积极挖掘、弘扬传统文化中环境保护思想，形成有中国特色的生态文明。由此，我国环境刑法可以克服立法乃至执法方面的困惑。

应当看到，随着人类步入生态文明与风险社会阶段，增加了环境或生态管理与控制的难度，纯粹的“排难解纷、事后制裁”已不足以应对复杂的环境问题，将环境刑法功能的运行推进到生态维护功能、环境问题的预防功能、可持续发展的宣言功能是社会发展的必然，也是环境刑法功能实现自我进化的结果。

（二）环境刑法应增加新罪名

由于我国立法者没有考虑环境犯罪的生态价值，刑法对某些环境犯罪设置的法定刑轻于与其行为相当的普通刑事犯罪。[2] 更重要的是，现行1997年刑法有关环境资源的保护，比过去只注重经济、财产保护的传统观念进了一步，但仍没能很好地突出环境资源的生态功能和环境价值而加以大力保护。随着社会的发展和技术的不断发达，破坏草原、核污染、噪声污染、光污染、妨害能源管理、破坏臭氧层、外太空污染等问题将会逐渐呈现出来，为了对环境资源切实加强刑法的保护，就有必要根据实际需要适当扩展环境犯罪的种类，增加一些新的环境犯罪，如破坏草原罪、核污染罪等，以加大对环境生态的刑法保护力度。[3]

按照环境大生态观的理论进路，其实可以将“严重危害社会的行为”视为“严重危害社会生态系统的行为”，可以与“严重危害自然生态系统

[1] 刘岭岭、吕欣：《环境刑法伦理基础之反思》，载《法学论坛》，2009年第9期，第57页。
[2] 游伟、肖晚祥：《环境刑法的伦理属性及其立法选择》，载《华东政法大学学报》，2009年第4期，第100页。
[3] 付立忠：《论我国环境刑法的最新发展》，载《中国人民公安大学学报》，2003年第6期，第66页。

的行为”一起，整合进入“严重危害环境大生态系统的行为”，从而建立起环境大生态理论的犯罪观。而在环境问题上，笔者则认为，凡是严重危害环境大生态系统，不顾环境而过度发展和过度消费的一切行为，都是环境犯罪。[1] 在刑法中增加对环境犯罪危险犯的惩罚,可以使环境保护的“预防”原则落到实处，有利于更好地发挥刑法的预测、指引作用。人们亦可根据对行为法律后果的预先估计来调整行为模式，更加慎重地对待生态环境。同时，设置危险犯既能弥补行为犯的不足，又可防止结果犯的滞后，从保护环境、贯彻实施刑法角度而言，更为合理有效。[2]

（三）我国环境刑法功能之应然本位

稳定的法律秩序能为人们的活动创造有序的环境，如果过于追求严刑酷法，仅限于强行规制和被动服从，将会因社会秩序结构的呆板而使社会发展停滞。应当说，环境刑法不仅在于节制人类邪恶，更是促进人类和谐的工具。我国动用刑法手段保护环境虽取得一定成绩，但仍存在一定问题和不足，需要加以完善。

（1）我国现行刑法将环境犯罪归为“妨害社会管理秩序罪”的一部分，这样做是不恰当的，之所以形成这样的立法模式，主要是我国刑事立法界、刑事司法界、刑事法学界对环境特性的认识落后，很大程度上依然停留在工业化社会的传统环境刑事立法阶段。面对可持续发展社会的需求，我国环境犯罪的规定应作为专门一章规定在刑法中。

（2）我国现行刑法中的环境犯罪条款多属于结果犯，也就是说，对人身或财产实际损害的发生是环境犯罪的构成要件,这对环境保护极为不利。因为环境犯罪一旦实施，结果必然造成环境严重破坏，生态系统平衡难以恢复，因此，在环境犯罪结果发生前，对可能使自然和人的生命、健康和重大公私财产处于危险状态的环境犯罪，应予以处罚。我国立法应当增加环境犯罪危险犯规定，发挥刑法惩治危险犯的先期屏障作用。

[1] 张光君：《环境刑法新理念》，中国西南政法大学论文，2006 年 4 月，第 55 页。

[2] 蔡秉坤、李清宇：《大法系环境刑法重大问题的比较与借鉴》，载《兰州交通大学学报》，2009 年 9 月，第 102 页。

（3）我国环境犯罪立法保护范围狭窄，应合理确立环境犯罪体系。我国现行的环境犯罪体系不包括危害草原资源的犯罪、破坏重要湿地的犯罪等，导致我国环境刑事法律体系不严密。有专家建议，增设侵害动物罪、毁坏植物罪、污染环境罪、破坏土地资源罪、破坏矿产资源罪、损害人文景观罪等。

（4）我国对环境犯罪的处罚不利于环境保护，处罚措施即对自然人采取自由刑和罚金刑，对法人实行双罚制，一定程度上起到遏制环境犯罪的作用，但对环境来说，却没有得到很好的补偿。因此，从完善环境犯罪的处罚体系角度来看，应规定责令恢复环境的刑罚手段，这样既惩罚了犯罪人，又使环境价值得以恢复。

总之，加强环境的刑法保护是当今世界潮流，环境刑法保护法益已悄然扩大至生态环境，在注重发挥环境刑法的规制功能、秩序维护功能、自由保障功能的基础上，更加关注环境刑法内在的隐性的生态维护功能、预防功能。我国在环境刑法功能运行模式的选择上，首先，应关注预防功能，设置抽象危险犯，增加生态维护新罪名，发挥环境刑法的先期保障作用；其次，一定程度上克服环境刑法的行政从属性，扩大环境犯罪在刑法典的规定，将环境犯罪升格为单独一章，发挥刑法典的震慑及环境刑法的宣言功能；再次，一定程度上要超越近代刑法的谦抑性，完善刑罚体系，注重刑罚手段和非刑罚手段的密切配合；最后，克服刑法的谦抑性的同时，要关注自由保障功能，使二者处于一定的紧张关系即可，避免克服谦抑性而导致吞没自由保障，也避免为保障自由而肆意放纵谦抑性。在我国积极推动可持续发展的大背景下，发挥环境刑法的基本功能是大势所趋，注重激发环境刑法的生态维护、环境问题预防等特殊功能是势在必然。当然，我国环境刑法的完善不是一蹴而就，需要以长期战略角度，对应我国社会现实不断予以完善和进化。

第三节　应对环境危机的循环经济法制论

循环经济是以资源的循环利用为核心，以低消耗、低排放、高效率为特征，以可持续发展为目标的经济增长模式，具有使人类与自然协调发展的积极作用。循环经济法制是实现循环经济的基础和根本保障，循环经济法制是由循环经济基本法和若干单行法组成的完整法律体系。循环经济法制具有普适性价值，可引导资源生态价值市场化的实现。循环经济法制具有时代性价值，使在社会资源稀缺、能源告急的时代背景下，自然秩序得以逼真地再现。循环经济法制具有生态安全价值，通过维持生态平衡和资源代际间的公平分配，满足人类总体的生存需要。我国已按循环经济法制普适性价值、时代性价值、生态安全价值的引领，确立了 21 世纪的发展战略，但实现该战略，仍须艰苦地持续地努力。

一、建立循环经济法制的必要性

循环经济法制是由循环经济基本法和若干单行法组成的完整法律体系。其中，基本法起统率作用，规定循环经济的立法目的、指导思想、基本原则和制度、法律责任等。单行法则是对基本法的落实和细化，通过对相关领域进行循环经济立法，使循环经济这种先进的经济发展模式得到切实实现，最终形成一个以基本法为核心、各单行法具体落实的循环经济法律体系。需要指出，法制是实现循环经济的基础和根本保障，尤其是直接的法律、法规对循环经济的建立起着绝对性作用。因为法律可以明确政府、生产者和社会公众等各个角色的权利和责任，可使人们行为有事先预期，这是有效实现循环经济的基础。真正实行循环必定会触动经济主体的利益，会对他们的行为造成极大的约束，必须借助制度保障才能得以实现。需要通过建立环境税制度、绿色 GDP 制度、排污权交易制度等，建构起循环经济的保障机制。

需要指出，循环经济法律体系包含纵向结构体系和横向结构体系。纵向结构体系是从宪法到基本法、到行政法规、再到地方法规的层级关系。横向结构体系涉及循环经济发展的诸多平行的相关法律部门，如《清洁生产法》、《物资回收利用法》、《固体废弃物防治法》、《能源法》等平行的法律部门。我国已经开始了循环经济实践，制定了《清洁生产促进法》，对企业微观层次的清洁生产行为作了规范，还制定了《固体废物污染环境防治法》，对资源回收和综合利用进行了规范。然而，这仅仅是循环经济法制的一部分，我国还缺少能够涵盖各项循环经济法规的基本法，缺少从国家发展战略、规划角度规范循环经济发展的法律制度，因此，制定专门的法律制度，支撑和保障循环经济就显得非常必要。

发展循环经济不可能是一个简单的过程，而是一个社会里多元利益主体通过多次重复博弈所达到的均衡结果。为了保证这种博弈过程能够稳定、持续进行下去，制度保障体系建设就显得格外重要。[1] 循环经济作为一种对传统生产、生活方式的变革，不仅引起思想观念和价值观念的改变，而且会导致行为规则发生变化。法律规范因其固有的规范性、强制性特点，适合作为评价准则和行为准则。当新生产方式尚未完全确立之前，社会成员在传统生产观念、方式导向下的旧的生产、经济行为，需要依靠法律的强制性约束才能改变。当然，循环经济作为一种经济范式，也需要相应的道德规范的指导。但从我国社会发展的现状来看，由于国民素质和道德水准参差不齐，所以，加强循环经济法制建设显得比道德教育更为迫切。

在环境资源因素进入经济体系、转变经济发展方式的过程中，必然会对支持转变、建设循环经济的制度条件提出新的要求。[2] 近年来，我国以清洁生产为主要内容的循环经济实践活动正在多层次推进，在一些示范园

[1] 四川循环经济研究中心：发展循环经济的动力机制和制度保障，载冯之浚、孙佑海：《循环经济在实践》，人民出版社，2006年版，第480页。

[2] 张天柱：《我国循环经济立法的实践进展》，载冯之浚、孙佑海：《循环经济在实践》，人民出版社，2006年版，第163页。

区已经探索出不同地区、不同行业的循环经济发展模式及其规则要求。但是，目前还缺乏法律规范予以确定和鼓励，这在一定程度上也会影响循环经济的全面发展，需要将发展循环经济的各项政策上升到法律的高度。另外，资源循环因素在国际贸易中的作用日益凸显，“绿色壁垒”成为我国扩大出口面临的难题。[1] 在世界贸易组织（WTO）的各项规则中，包含了一系列根据可持续发展原则所确定的保护环境资源、保护生态平衡的贸易规则。我国应当据此制定国内法，引导国内企业的绿色生产经营活动，全面推行绿色化生产，在保护自然环境的同时，提高我国产品的国际竞争能力，增强我国经济竞争力。

需要强调，循环经济法律体系是充分体现循环经济发展客观规律的法律体系。因此，研究循环经济法的法律价值，可以使人们对循环经济法的认知从经验转向理性价值领域，进而折射出循环经济法发展的向度、幅度和深度，也可揭示社会对循环经济法的需求程度及循环经济法在社会实践中的效用程度。研究循环经济法的价值，可以揭示作为价值客体的循环经济法的存在、性质及活动与作为价值主体的人的需要满足及目的实现程度相适应、相接近的状况。应当指出，循环经济法的价值具有双重属性，从短期角度看，循环经济法是基于解决资源、能源的危机；从长远来看，实现可持续发展是循环经济法的最终价值表现。

二、循环经济法制的普适性价值

循环经济法制的普适性价值，又称基本价值，即得到普遍肯定的，不管在什么文化当中，基本上得到普遍追求的价值。如个人免受恐惧和强制的自由、公正、和平、安全和繁荣（或者经济福利），[2] 此外，对经济法理

[1] 冯之浚：《循环经济与立法研究》，载冯之浚、孙佑海：《循环经济在实践》，人民出版社，2006 年版，第 197 页。

[2] 柯武刚、史漫飞：《制度经济学》，商务印书馆，2004 年版，第 88 页。

念或价值体系还有不同的表达方式，如自由、公平、效率、安全等。[1]但是价值体系往往存在相互依赖性，比如，较高程度的繁荣会导致更多的经济福利，而且因为有了更多的物资来保证安全；但是，价值之间还会存在冲突，比如较大的个人自由意味着较少的和平，较多的繁荣还可能带来社会发展的生态危机。因此，考察普适价值成为分析循环经济法律价值的首要任务。

循环经济法制具有经济法的普适性价值。应当肯定，20 世纪 90 年代以来，市场化带来财富增长已成为人们的普遍观念。但市场机制所具有的财富增长的功能，只有在完全市场条件下，才能充分地体现出来。当市场出现垄断、外部性、信息非对称性时，市场机制就会失灵。市场失灵将导致生产或消费的非效率，以及社会财富增长的停顿甚至消减。而资源天然所具有的经济功能和生态功能的双重属性，又使外部性成为循环经济的内生效应。资源的双重属性决定我们在利用资源的不同功能时会产生不同的“物品效应”，而“物品效应”又通常与外部效应紧密相连。资源的经济属性显现资源的“私人品”效应，厂商或消费者能够通过市场获得资源的全部经济价值；资源的生态属性显现出资源的“公共品”效应，厂商或消费者无须通过市场就可无偿获得资源的全部生态价值。因此，在市场经济活动中，我们对资源的经济价值具有“精打细算”、“适度消费”的市场理性，但对于资源的生态价值却具有“坐享其成”、“过度消费”的自利理性。这种市场理性和自利理性导致我们的经济发展往往以破坏环境为代价，并呈现出不可持续性。然而人类是需要持续发展的，这就需要寻求一种经济效益和环境效益共同增进的发展模式，即循环经济的发展模式。要实现这一目标，我们需要“转化”资源生态价值的“公共品”属性，使其具有“私人品”的市场属性，能够与资源的经济价值一起，参与市场机制的优化配置，实现资源双重价值的最大化。因此，循环经济的核心在于实现资源生态价值的市场化。但要实现资源生态价值的市场化，靠市场本身不可能达

[1] 单飞跃：《经济法理念与范畴的解析》，中国检察出版社，2002 年版，第 4–21 页。

到目的，需要政府的介入和干预。在此，我们需把握一点，政府的介入和干预只是起到弥补市场失灵的作用，一旦市场失灵得到控制，政府就应让位于市场本身发挥作用。

市场经济的缺陷导致了人类社会经济的不可持续的发展：市场经济作为一种以市场作为资源配置方式，历史证明其效率是非常高的，但经济运行的现实告诉我们，市场有其本身所不能克服的缺陷，即市场失灵：从企业的角度看，经济人追求经济利益的最大化的动机使其经济增长建立在贪婪索取和大量消耗环境资源的基础之上。因而就出现了片面追求高利润、经济利益而忽视生态效益的情况。从国家来看，衡量一个国家的经济指标是 GDP 和 GNP，世界各国以 GDP 或者 GNP 的增长作为考察一个国家或者地区经济实力和发展进步的唯一指标。GDP 或者 GNP 不考虑由于生产对自然环境的破坏所引起的自然灾害所导致的经济损失。从产品价格的角度来看，产品价格不能全面反映生产的成本，导致价格这只“看不见的手”在资源配置过程中大打折扣，在目前的产品价格中仅反映生产过程中对资源的开采和利用成本，而与资源开采使用有关的环境成本以及由于当代人过度开采资源造成对后代人的利益损失没有考虑在内，外部性普遍存在，当存在外部性的时候，市场对于资源的配置是缺乏效率的。因此，政府干预市场，为市场提供合法必要的介入，市场失灵及其本身的缺陷才能得到弥补。经济法作为调整需要由国家干预的经济关系的法律规范的总称，其普适性的价值（如效率、实质公平等）自然适用于循环经济这一法律体系。

三、循环经济法制的时代性价值

循环经济法的提出具有鲜明的时代性，是在整个社会资源稀缺、能源告急的大背景下出现的。从外因看，循环经济是整个社会资源稀缺、发展能源储备量告急、代内分配的总量出现危机、代际发展利益和环境利益分享出现危机的大背景下的政策语词。我国现今倡导的节能减排，突出地表现了当今时代的必然要求，需要依靠发展循环经济得到实现。

需要看到，循环经济法制的根基层次更深，它不仅是时代产物，更是内生于生态经济自然秩序本身的要求。从人类中心主义角度而言，自然应服务于人类。从生态中心论的立场上讲，人类是生态系统的组成部分，应当遵循生态系统自身的规律。从辩证的方法来看，人类和自然生态环境的关系并非完全对立。人类必须改变行为模式，提倡一种人与自然和谐的自然观、消费方式、生活方式，以“理性生态经济人”的行为模式替代传统市场经济伦理塑造的“理性经济人”模式。[1] 应当说，循环经济法制的出现是人与自然和谐发展的必然要求。当资源稀缺成为发展现实并危及经济发展的速度和规模时，立法必然要因应自然秩序的要求。立法通过设定人的行为模式、权利义务关系、法律责任归属，最大限度地发挥法律干预社会经济文化生活。

需要强调，立法杠杆的调节不一定解决资源的稀缺。对稀缺资源进行悲剧性分配时，社会遭遇到的冲突接连不断。纯粹的稀缺资源分配手段有四种方式：一是纯粹的市场，市场机制具有很强的吸引力，没有公然的强制行为，市场决策具有分散化特点，这些都有助于社会不必再为可能产生的后果担负责任，个人显然是市场当中最首要的行动者，于是，人们便会把目光聚集在个人决策者身上，而这些个人已经被假设为始终增进他们个人的目标。二是负责的政治程序，由于该程序无法实现个人欲求，因而也往往导致分配与调节的失败。另一个缺点是把整个国家和社会都牵扯进来，公然显示出对一些人的偏爱，并选择去放弃我们力求维护的不可剥夺的理想。三是抽签法，但这样做同时也与其他平等观念相矛盾，它又强调了社会并不情愿耗费成本平等地尊重每一个人。四是遵循惯例，惯例方法代表的是一种完全不同的态度，它在分配中并不关注个人欲求或最佳的统一分配方式，它关注的仅仅是不选择的状态，这种结果和抽签式决定一样，是无意识的，避免了计算成本的代价，但以公正、公开为代价。公正、公开

[1] 曹明德：《生态法原理》，人民出版社，2002 年版，第 22 页。

又是一个社会的结构性价值，显示了一个社会的基本特征。因此，种种手段表明，这些纯粹的手段的非完全理性，决定了调整人类社会的秩序不应当受限制于单一或者纯粹的手段，立法应当采用修正后的方法，即采用各种手段的整合主义，实现逼真于社会自然秩序的本原需要。

还需强调，构建和谐社会是当今时代最大特征，实现自然与人类社会的和谐发展是建设和谐社会的基本诉求。而循环经济法制则能从制度上建立使资源循环利用的保障机制，进而实现节能减排，最大限度地接近人与自然的和谐。因此说循环经济法制具有适应时势的鲜明的时代特征。

四、循环经济法制的生态安全价值

循环经济法制的价值趋向，还有效率的背后是不以生态价值作为代价换取经济发展，并且保护资源总量和质量控制在“既满足当代人的需求，又不影响后代人为满足其需要的发展”的限度之内，实现经济、自然、社会“三赢价值”，即生态安全价值。所谓生态安全是指生态系统结构是否受到破坏，生态功能是否受到损害。当生态系统提供的服务质量或数量出现异常时，则表明该生态系统的生态安全受到威胁，处于生态不安全状态。因此，安全包含两重含义：一是生态系统自身是否安全，其自身结构是否受到破坏；二是生态系统对人类是否安全，即生态系统提供的服务是否满足人类的生存需要。

应当说，每一种生物都对生态系统的平衡与稳定发挥着自己独特的作用，都在生态系统的物质循环、能量流动和信息交换中发挥着自己的特殊的功能。[1] 随着生态文明和生态伦理文化的发展，改变人与自然的关系，尤其是人与地球生态的关系，讲究合理利用，重视二者的相互依存，实现共存共荣，协同进化，有利于未来人的利益，有利于保护自然环境，有利于实现经济利益与环境利益的协调。

---

[1] 白平则：《人与自然和谐关系的构建——环境法基本问题研究》，中国法制出版社，2006 年版，第 74 页。

目前，生态安全已成为全球话题，其原因既存在“发展不足”，又有“发展加快”的因素。发展不足造成的生态危机是人类尚没有能力抑制住以往资源衰竭、环境退化的势头，为了生存进行毁林造地、围湖垦田等掠夺性开发，造成植被破坏、水土流失、森林草原退化，出现荒漠化、物种减少。同时，制度的缺陷和技术的落后继续造成资源的低效利用。发展过快造成的生态危机是，某些地方为了加快膨胀经济总量、迅速提高生活水平，使整个社会和每个人都消费了更多的产出，更大量地占用和消耗耕地、能源、水资源等稀缺资源。同时，在强大的利益驱动下又缺乏有效的制约，因而生产、生活对环境污染更严重，甚至引起全球气候的变化，危及整个人类生存环境。

从人类需要的角度来说，安全需求是最基本的需求之一。在 1943 年出版的《调动人的积极性的理论》一书中，马斯洛的需求层次理论把需求分成生理、安全、社会、尊重和自我实现五类，依次由较低层次到较高层次。生理需求包括对食物、水、空气和住房等需求都是生理需求，这类需求的级别最低，人们在转向较高层次的需求之前，总是尽力满足这类需求。安全需求包括对人身安全、生活稳定以及免遭痛苦、威胁或疾病等的需求。其次分别是社会需求、尊重需求、自我实现需求。回归自然、生态发展安全等系人类最低层次的需求，作为体现和保障这些人类需求的循环经济法具有重要的人性化意义。

需要指出，生态安全在我国作为一项新的国家责任，直接涉及国家法定职能，与宪法、行政法有紧密联系。生态安全对国家安全的法律含义赋予了新的内容，作为国家安全的重要组成部分，它与刑法有着密切的联系。基于对环境安全的不同理解，它涉及国际法的重要原则，加强我国生态安全法律的理论研究和实践，有利于使符合和平与发展的科学的生态安全理论为更多的国家所认同。需要强调，作为可持续发展的重要内容，生态安全对法理学提出了一些挑战。生态安全法律制度的研究与完善，将极大地促进生态环保事业的发展。

总之，循环经济是当今世界解决可持续发展问题的最佳途径，如果能按照循环经济普适性价值、时代性价值、生态安全价值的引领，确立我国21世纪的发展战略选择，那么，我国经济的可持续发展将大有改观。2005年国家发展改革委员会确定了我国循环经济发展战略，分三个阶段实现基本战略目标：第一，短期目标是从2005～2010年，为促进循环经济发展，将构筑完备的法律法规体系、政策支援体系、技术革新体系，形成激励与规制并重的效率机制；第二，中期目标从2011～2020年，基本形成具备循环经济特征的经济、社会体制，构筑管理循环型社会的完备的政策法规体系；第三，长期目标从2021～2050年全面建设人与自然和谐的循环型社会。循环经济主要指标，以及生态环境和可持续发展能力要达到世界先进水平，生态环境有质的飞跃。当然，实现这一目标仍须艰苦地持续地努力。

第六章　环境危机的治理模式省思

应对环境危机，仅凭政府的力量是不够的，需要全社会的共同参与。体现政府与社会共同应对环境危机的环境治理模式首先出现于西方发达国家。环境治理孕育于 20 世纪 70 年代初、兴起于 90 年代初，快速发展于本世纪初。不少国家制定了综合性的环境保护基本法。

第一节　环境治理的基本理论

一、环境治理的概念

环境治理是在对自然资源和环境的持续利用中，明确环境利益相关者谁来进行环境决策以及如何制定环境决策，谁行使权力并承担相应责任而达到一定环境绩效和经济绩效的制度框架。政府、市场和公民社会的互动构成现代环境治理结构的基础。环境治理强调公民社会和公众参与环境决策，追求政府、市场和公民社会协同治理环境的合作格局。其中，特别强调公民社会和环境 NGO 的作用，认为不仅要利用政府的管理效能，还要发挥公众参与的作用，通过合作、协商、伙伴关系、确立共同的目标等方式实施对环境问题的共同治理。

二、环境治理的基本要素

环境治理有赖于政府干预、市场机制调节以及 NGO 参与的有机结合，在政府和公民社会、私人部门之间建立良好的伙伴关系。环境治理强调多方利益相关者的参与，注重信息交流和分权决策，其基本要素有法治、责任性、透明性、参与权、财产权、市场手段等。

（一）法治的基本意义是法律为最高准则，政府官员和公民必须依法行事，法治的直接目标是规范公民的行为，维持正常秩序。可以说，法治是环境治理模式的基本要求，没有健全的法制，没有对法律的充分信仰和尊重，没有建立在法律之上的社会秩序，就没有环境治理。

（二）责任性是人们应当对自己行为负责。在环境治理中，责任性意味着环境行政管理人员及机构因其承担的职务而必须履行一定的职能和义务，公众也应承担环境保护的责任和义务，承担的责任性越大，表明环境治理程度越高。

（三）透明性是指环境信息公开，公民有权获得环境保护方面的任何信息，以便有效地参与环境决策，对环境治理过程实施监督。透明性越高，环境治理程度也越高。

（四）参与权是指公民能够参加环境管理和环境决策的权利。事实上，环境治理的过程是一个还政于民的过程，表示国家与社会，或者政府与公民之间的良好合作。没有公民的参与与合作，以及对权威的自觉认同，不会有良好的环境治理。

（五）明确界定环境和自然资源的财产权，是环境治理模式有效运行的保障。如果环境资源管理缺乏一整套的产权制度，资源配置就会陷入混乱，[1] 环境治理模式就会低效甚至失效。只有确立合理的环境产权制度，环境治理模式才能达成。

（六）市场手段是环境治理模式的激励因素，其中，税收制度、押金制度、绿色贷款制度、绿色保险制度、排污权交易制度等在环境治理模式中发挥着重要作用，为环境治理提供源源不断的动力，起着行为激励和利益增进功能，反映出环境治理的生机与活力。

三、环境治理的主要原则

从西方主要国家的环境治理实践来看，环境治理具体原则不断显现，主要包括：高水平保护原则、防备原则、预防原则、源头原则、污染者付费原则、一体化原则、可持续发展原则、节约和合理使用自然资源原则、综合污染防治原则等。受篇幅所限，本文重点阐述源头原则、一体化原则和综合污染防治原则。

（一）源头原则。20 世纪 50 年代以来，西方环保战略是废物管理和

[1] 范纯：《法律视野下的日本式经济体制》，法律出版社，2006 年 10 月版，第 6 页。

污染控制，环境法规主要以末端处理为主。为了有效减轻废物和污染，改变环保消极被动的局面，对污染控制战略进行了调整，从污染源头进行控制。1984 年，美国将《固体废物处置法》改为《资源保护回收法》，宣布从固体废物产生开始实行全过程管理和废物减量化原则。1992 年，美国已有 26 个州通过了实行源削减法规，之后源削减法律制度不断完善，使美国的环境保护进入新的发展阶段。欧洲为了改变末端治理状态，在 1982 ~ 1986 年的《欧盟第三个环境行动规划》中提出在源头削减污染物排放，以后在第四和第五个环境行动规划中均提出源头控制。源头原则是指从源头上减少污染，通过采用技术、工艺、管理、教育等手段，在污染没有形成之前，减少污染物的数量和危害。源头原则重视事前控制和源头控制，实行全过程管理，体现了当代环境治理思想的精华。[1]

（二）一体化原则。20 世纪 80 年代以来，欧盟委员会通过发布绿皮书和白皮书的方式，促进将环境纳入共同体其他政策的讨论和制定。在《欧盟第四个环境行动规划》中作了进一步阐述，在 1992 年《欧洲联盟条约》中得到加强。总的来说，一体化原则就是将环境保护要求必须纳入其他欧盟政策的制定和执行之中。在该原则的指导下，欧盟环境政策范围已不断扩大，影响到农业、地区发展等欧盟的决策制度。在一体化原则的可操作性方面，主要是通过法院决定，肯定一体化原则功能，通过司法审查保障一体化原则的实施。应当说，该原则体现了欧洲环境政策和法律的一体化特点，反映了当代环境法的发展趋势，对于指导环境保护和环境法发展具有重要意义。

（三）综合污染防治原则。在欧洲，综合污染控制首先出现在 1982 ~ 1986 年的《欧盟第三个环境行动规划》，号召成员国实行污染综合防治。1992 年《欧盟第五个环境行动规划》强调，改善对生产过程的管理和控制，包括与综合污染控制方法相联系的许可证制度。1996 年欧盟理事会通过了《综合污染防治指令》，标志着该原则正在化为可以实施的具体制度。总的来说，该原则重视公众参与，强调将控制环境污染的政策和手段综合起来，

[1] 蔡守秋：《欧盟环境政策法律研究》，武汉大学出版社，2002 年 6 月版，第 155 页。

集中了当代环境保护战略和环境管理思想，使环境管理思想更加全面、科学和完整。

四、环境治理的主要手段

解决环境问题导致的经济低效率和社会不公平，各国已动用一系列治理手段，总括起来主要有政府管制、市场诱导、许可证流通。

（一）所谓政府管制手段，是在传统的环境管理过程中，政府依靠法律与行政权威，采用各种管制措施，要求污染者无选择地服从，要么面临仲裁和行政程序的惩罚。

（二）所谓市场诱导手段，是运用经济手段协调生产和消费活动，改变无偿或者低价使用环境资源等不良行为，实现经济、社会与环境的协调发展。

（三）所谓许可证制度手段，是企业从政府手中获得排污许可证，同时允许企业购买或出售污染环境的权利，使削减污染成本高的企业可在市场上购买许可证，削减污染成本低的企业可在市场上出售许可证。

为寻求更有效的环境治理，还可将上述手段进行组合，环境治理手段的最优组合将取决于治理环境的管理成本和交易费用的大小。在产权明确界定的情况下，无须政府干预，可通过自愿协商方法解决。当然，上述几种手段并非环境治理机制的全部内容，在环境污染日益严重的情况下，还应广泛运用其他的手段方法来改善环境，也就是说，环境治理机制还有很大的发展空间。

五、环境治理的结构

（一）环境治理体系主体结构

环境治理体系的主体结构是政府、企业和民间环保组织。环境治理强调三方共同参与，注重信息交流、分权决策。治理的权威源于共同认识。环境治理的主体可以是政府，也可以是企业，还可以是三个部门的联合。治理是一个上下互动的管理过程，主要通过合作、协商、伙伴关系确立共同的目标等方式实施管理。

传统环境治理是以政府作为唯一主体，从宏观政策的制定到微观层次的执行都由政府直接操作。在制度实施中，采取政府直接操作的手段，特别是大量使用了行政控制手段。因而，在环保领域，市场配置资源的基础地位和作用受到牵制，环境保护市场化机制难以形成，政府越来越不堪重负。因此，环境治理模式则要求政府放宽环境管制，从大量繁琐的具体管理事务中解脱出来，集中力量重点抓好宏观控制、综合决策、集中力量保证环境监督执法到位和公平，真正起到宏观指导作用，动员社会民间力量投身保护环境。

企业作为环境污染的主体，应当遵守环保的法律法规，把环境目标与经济目标有机结合，把环境资源价值纳入到生产核算体系中，把环境效益和经济效益的综合考虑，作为企业决策和衡量企业效益的依据。企业既要注意降低生产成本，又要注意减少废弃物的排放，实现经济效益和环境效益的良性循环。在绿色文明来临之际，开展环境经营、确立绿色价值观、提高环境表现水平，确立绿色企业形象等，是负责任企业的义不容辞的法律义务。事实上，负责的环境管理，最终会使企业获益。

民间环保组织由热心环保人士志愿组成，服从法律，其特点是公益性和非营利性，利于纠正环境问题上的政府和市场失灵，以理性有序方式参与环保，对政府和企业实施监督。主要监督政府环境政策的执行，对政府环境行为形成社会压力。民间环保组织容易发现和掌握企业污染源和排污情况，利于掌握信息。在环境事故和环境灾难发生时，还可发挥其基层性、群众性、民间性的特点，建立起政府与公众之间互信的良好关系。

（二）环境治理范围结构

环境治理范围结构是对应环境问题的区域性的不同而形成的不同构

成。环境问题发生在一国范围内的场合，只需要该国采取治理措施时，我们称为国家的环境治理；当环境问题冲出国界，形成跨越若干国家的场合，需要若干国家采取法律措施，共同治理时，我们称为区域环境治理；当环境问题发展到全球规模的场合，需要世界各国共同努力采取治理措施时，我们称为全球环境治理。

在国际领域，环境问题已经超越了国界，全球气候变化、臭氧层空洞扩大、危险污染物跨国界转移、物种多样性丧失都危及人类共同的未来，迫切要求世界各国采取一致行动来进行治理。各国政府在管理好各自所属区域的同时，应加强国际合作，与其他国家的政府、国际环境组织一起共同管理好全人类的自然环境。

第二节　西方环境治理模式的演进

随着社会发展，环境治理模式在不断改进和完善。迄今，一些发达国家已经基本形成了相对完善的环境治理模式，主要有强制命令型、市场导向型、签订契约型、自觉行动型。强制命令型是 20 世纪 70 ~ 80 年代发达国家采取的主要环境治理模式，80 年代末市场引导型和签订契约型得到广泛认同和采纳，在 90 年代自觉行动型逐渐兴起并受到重视。

一、西方环境治理产生的机理

最初，环境问题根源在于外部性理论。对环境问题来说，因环境污染的负外部性、环境资源的公共性、环境资源产权难以界定、环境信息的稀缺性与不对称性等的存在，使人们对环境的作为难以通过交易方式反映出来，于是环境问题就表现出某种外在于市场的效应，环境问题的市场失灵。

市场失灵是指市场不能正确评估和分配环境资源，从而导致商品和劳务的价格不能完全反映它们的全部成本状况，包括环境成本。市场失灵的表现主要有以下几个方面：首先，不完全信息。市场主体以自己的理性作出决策实现利益的最大化，但决策的正确与否在很大程度上取决于信息是否准确和是否完整，但各类信息庞杂且真假难辨，市场主体还可能有信息垄断，使弱势群体做出错误决策。其次，市场机制不能解决公共物品的生产和有效利用问题。公共物品因其公共性、不可分性以及利用的非排他性，产权不能明确界定给私人，因此市场体制不可能使公共物品的生产和利用达到最佳状态。

应当指出，政府也存在失灵，原因有三：首先，政府的理性有限。政府通过对公共物品的管理而维护公共利益，前提是政府的决策正确。但人的认识能力的有限性决定了政府的理性也是有限的，其决策未必符合公共利益。其他，组织成本的浪费。市场交易成本由私人承担，因此，趋于节约的不同，组织成本由政府负担，但对于工作人员来说则是收益，为了防止工作人员“收益最大化”倾向，需要监督，因此造成政府行为的机械性，使组织成本趋于高昂。再次，缺乏灵活性。

二、强制命令型环境治理模式

所谓强制命令型环境治理模式，是基于环境危机缘于市场机制失败的认识，转而依靠国家力量，通过行政命令和法律强制，试图化解环境问题与环境危机的政府主导治理方式。

政府主导的环境治理方式，是建立在环境问题本质上“外部性”造成，制造者把成本转移给社会的假设基础之上。一般来说，政府主导的环境治理模式由三方构成，即管制者、被管制者、关注公共利益的民间组织。在管制和被管制之间，存在着对抗和合作，对抗是法律制度的根本要求，在运行过程中，可能产生合作。合作带来两种后果：一是减少交易成本，实现环境保护，二是管制者被收买，成为俘虏。民间组织和管制者利益和立场一致；二者之间是合作关系，但在实践中，管制者可能被收买，在这种情形下，二者又存在冲突。被管制者和民间组织在利益和立场上是对抗关系，但在实践中，被管制者通过资助民间组织活动，也有可能形成合作关系。[1]

应当承认，强制命令型环境治理针对减少大气污染、提高水质、减少污染物排放等，确实取得了一定改观，但对动植物保护、保持生物多样性、防止气候变暖等错综复杂的环境问题爱莫能助。需要指出，强制命令型环境治理的典型特征就是过多地采取硬性规定直接对企业排污进行干预，通过制定统一的环境标准实现管制目标，不考虑企业在污染治理成本与收益方面的差异，采取“一刀切”模式，过于僵化，缺乏经济刺激。[2]强制命令型环境治理模式，因仅凭借指令和干预，导致企业与政府在环境问题上的非合作性不断涌现，已越来越不能适应社会可持续发展的要求。

伴随环境问题的多样性、复杂性、跨域性、全球性的出现，政府主导的环境模式不能有效地对应区域性污染问题，不能有效地应对生态系统管理问题，不能有效地解决涉及多个行政主体的环境问题。在生态环境不断恶化，环境影响的广度和深度不断扩大，单一性的治理手段已经不能满足现实需要的背景下，环境治理方式开始演进和发展。应当看到，随着可持续发展思想的提出及其内涵的不断深化，极大地促进了环境治理原则和模式的重大转变，标志着人们对环境问题认识的一次飞跃，激发了对各种形式的环境治理模式的探索和尝试。

三、市场导向型环境治理模式

随着全球化的加速、知识经济的兴起、后现代化思潮的扩散、市民社会的崛起，人类社会发生了一系列急剧变化。国家与社会关系的重塑，极大地冲击传统环境管理模式，要求在管理理念、管理体制、管理手段诸方

[1] 朱德米：《从行政主导到合作管理：我国环境治理体系的转型》，载《上海管理科学》2008 年第 2 期，第 61 页。

[2] 王小龙：《排污权交易研究：一个环境法学的视角》，法律出版社，2008 年 9 月版，第 170 页。

面与时俱进，变革更新，一种新的管理模式在悄然诞生。近年来，受民主化进程的影响，在全球范围内广泛兴起的注重多元主体互动、参与和合作的治理运动，对传统强制命令等方式提出了挑战，催生了新的治理模式。

新治理模式的最大特点在于提供公共服务时对工商部门和公私伙伴关系的依赖，在手段上，利用契约与市场。契约与合同被新治理模式作为主要治理机制，该治理机制的核心是对竞争力的引入。20 世纪 80 年代以来，OECD（经济合作与发展组织）国家在环境管理领域进行了许多有意义的环境政策创新。比如，开征环境税、建立排污权交易制度、建立有利于废物回收的押金制度、实行垃圾等废物处理的市场化运作等，这些基于市场化理念的经济手段不仅在污染排放控制方面成效显著，而且，因政策的手段有弹性，对市场的扭曲程度低，企业的选择余地大，企业竞争力也得以提高。

市场化是新公共管理运动的核心主张。市场化原则在新模式中体现在两个方面：

（1）内部的市场化。对政府提供的服务和可以商业性运作的部门，通过内部市场化和准商业化的制度设计，引入市场竞争机制，力图改善成本控制机制匮乏和服务效率低下的局面。

（2）外部的市场化。政府对各类公共物品和服务有规划、支付及生产的责任，在此基础上，减少政府干预，增加私有机构的功能，以满足公众的需求。通过外部市场化可节制效率低下的官僚体制，转化为具有弹性和市场导向的新治理模式。

新治理模式追求的目标是实现善治。衡量善治的标准包括：合法性、透明性、责任性、法治、回应性、有效性以及参与、有效、稳定、廉洁、公正等。善治的本质在政府与公民对环境保护的合作管理，是政治国家与公民社会的一种新颖关系。善治的过程是一个还政于民的过程，注重环境公众参与，强化政府与公民的互动，强化公民环境监督。

如果把新模式的演变从观念、制度和操作三个层面来考虑，新治理模式的观念转变包括市场化意识与目标导向、公平与效率兼顾等理念的引入与更新、制度层次的多主体参与的构建、操作层次上治理手段和方式的不断创新。观念转变为新模式的发展引领方向，制度变革构建了新的激励结构，为新模式的运行提供了基础与平台，而真正付诸于实践并实现为公众提供满意服务的任务，则需要最终落实到操作层面的政策工具等治理手段的变革与创新上来。治理是否有效的关键在于设计和选择有效的治理手段。可以说，市场化手段的运用，为环境治理带来生机与活力。

四、签订契约型环境治理模式

契约是人类进行社会治理的常用方式，作为一种有效的社会治理手段已得到很多国家的认同。将契约模式引入环境治理，主要有美国的水流域契约和日本的公害防止协定。

美国对河流的管理都采取了契约治理模式，通过水契约法律确立了水资源与环境契约及其实施机构。美国水资源与环境契约分为四类：

（1）州与州之间的水权配置契约。如《科罗拉多河契约》，目的是保证该水系的用水公正分割和分配，确立不同利益主体用水地位，促进州与州之间的和谐，减少纷争，保护农业和工业发展等。

（2）水资源管理契约，如《康涅狄格河流域大西洋鲑契约》，目的是恢复该河流域大西洋鲑的生态环境，成立由各州代表组成的独立管理机构。

（3）洪水控制契约，如《康涅狄格河谷洪水控制契约》，创制洪水控制管理机构，下游州补偿其他州因洪水控制建立水库的经济损失。

（4）水污染控制契约，如《新英格兰州际水污染控制契约》，创设了污染管制机构，削减州际水污染。[1]

日本的公害防止协定最早出现于20世纪60年代，是日本地方政府采用非权力手法控制公害的手段。1964年横滨市与电源开发股份公司之间

[1] 于立深、周丽：《环境治理的契约模式》，载《中共长春市委党校学报》，2006年6月第3期，第76—77页。

缔结了承诺采取各种公害防止措施的协定，该协定被称为“横滨方式”。现在，公害防止协定得到广泛利用，地方自治体与企业、地方居民与企业、民间团体与企业都出现了缔结协定的形式。其作用是企业依据协定受到采取公害防止措施的约束，将未来可能产生的侵权责任转化为契约责任。[1]关于公害防止协定的法律性质，日本有绅士协定说、民事（私法）契约说、行政（公法）契约说。日本学者原田尚彦认为行政（公法）契约说是正当的。此外，在日本环境判例也将防止协定视为公法契约。[2]应当说，日本公害防止协定的效用表现为灵活地对应各地实际情况，将妥当的有效的规制内容写入协定，同时，又能对应日新月异的技术进步，采用新技术成果，提出有效对策。

五、自觉行动型环境治理模式

为适应可持续发展的要求，国外的经验就是推动环境自觉行动的开展。环境自觉行动是在现有政策和法律基础上，让企业有足够的灵活性和独创性，[3]在环境与经济之间作出适当的权衡，步入经济发展与环境改善协调发展之路。

20世纪90年代以来，美国、英国、日本等发达国家的环境政策均由“治理为主”向“预防为主”转变，由“末端治理”向“源头治理”转变，在环境治理中，更加重视企业的自觉守法，更加重视企业的自觉行动。自觉行动型在于让企业自觉引入环境质量标准和自觉认证，不是要求每个企业或组织严格遵循和强制认证标准体系，鼓励组织制定适合于自身情况的环境管理体系，追求组织同现有管理体系的有效整合，使企业有更多的选择余地来发挥其创造性和积极性。

一般来讲，自觉行动型有以下几种：

[1] 齐树洁、林建文：《环境纠纷解决机制研究》，厦门大学出版社，2005年8月版，第499页。
[2]［日本］原田尚彦：《环境法》，弘文堂，1984年4月初版第2次印刷，第171—172页。
[3] 吕承华：《环境治理范式的演进与环境自觉行动》，载《中国环境管理》，2004年4月第1辑，第36页。

（1）签订行业环境行动理解备忘录，如签订减少永久性有毒物质的理解备忘录。

（2）行业协会制定本行业的环境行为标准，促使其会员改进和提高各自的环境表现。

（3）公司主动改进环境表现的行动。

（4）环境管理体系的实施和认证。

环境保护和可持续发展，需要建立一整套完善法律制度框架，政府在其中发挥着决定性的作用。但因环境问题的复杂性、动态性、广泛性等特点，仅靠政府制定一些有关环境政策、法律和法规是远远不够的。面对严重的环境现实和可持续发展的挑战，需要发挥社会各个方面的积极性、自觉性和创造性。可以相信，随着环境自觉行动的广泛开展，政府和企业将形成共同寻求改善环境的合作关系。

六、西方环境治理方式的创新

20世纪以来，发达国家的重大环境事件的发生，唤起了公众普遍的环境觉醒，迫使政府强化环境治理。开始更加注重环境政策与产业政策的协调，以实现环境与经济目标的双赢。更加注重包括企业和公众等在内的多主体的自觉参与。环境管理的方式和手段在不断创新，新的政策工具不断涌现，如公共环境信息披露制度、环境会计制度、环境审计制度、绿色贷款制度、绿色保险制度等。

新治理模式是在对旧模式进行批判的基础上发展起来的，新模式不是对旧模式的完全替代，传统的强制命令型仍会继续存在，并将继续起着主导作用。虽然环境治理的新工具在不断创新并得到运用，但传统强制命令型工具仍然是政府最喜爱和惯用的手段。事实上，传统强制命令型方式常被用来作为推动新治理工具的手段。新旧模式的转换是一个过程。规制具有制度上的“锁入”效应，规制一旦制定并得到实施，就难以从管理领域退出，因为社会的行为和预期已按原有规制设定了。新工具并非一定要取代传统规制。从某种意义上讲，工具的作用在于填补既有规制缺陷，或用来解决新问题。

对我国来讲，在法制环境不完善、政府职能未充分转变、政府管理公共事物的能力仍较为欠缺的条件下，采用强制命令型方式来遏制严峻的环境恶化趋势仍然是主要措施，同时，中国也需要适应形势的变化，不断创新环境治理的方式，提高环境管理水平。

第三节　我国环境治理缺欠与变革

对照西方发达国家的环境治理模式，审视我国自改革开放以来形成环境治理模式，可以发现，我国环境治理结构存在结构性障碍，环境治理运行中还存在道德风险。总的来看，我国环境治理失效的根本原因在于落后的经济发展方式和错误的政绩观。

一、我国环境治理的历史发展

改革开放以来，我国对治理环境问题的法律制度和行政管理进行了调整和完善。随着法律制度的完善，地方层面的环境法律和政策的执行成为新课题。进入 90 年代，强化行政执行体制的同时，中央环境行政机关开始对地方政府展开监督检查活动。1992 年后由于全国展开大规模投资建设，环境问题进一步突出。以 1992 年里约会议为契机，积极开展环境合作。1996 年召开第四次全国环境保护会议，发布了中央政府环境政策方针。总的来说，通过自上而下的宣传和动员的规制强化，性质上属于强制命令型环境治理。

20 世纪 90 年代后半期以来，通过环境政策实施体制的多元化，开始关注环境治理改革。在政策层面，将环境信息公开和公众参与定位为重要手段。如通过媒体和互联网定期公开大气污染等环境状况，在环境影响评价方面，也召开听证会，也尝试着企业环境对策的公开制度。在社会层面，环境 NGO 形成，从事以环境启蒙和教育活动为中心的环保活动，并通过与媒体的合作，以舆论谴责地方层面的环境违法行为和开发项目给环境造成的影响。此外，通过法律诉讼，对环境污染受害者给予支援和救济。

总的来看，我国环境治理不容乐观，环境政策实施体制的多元化，与环境问题的相关解决还存在疑问。第一，来自社会大众向行政机关申请处理的环境污染事件不断增多，进入法律诉讼的环境纷争案件也在增加，无法承受环境污染受害的群众尤其是农民还出现大规模的反对运动。第二，我国环境污染状况除一部分得到改善外，伴随经济的高增长，某些方面也出现恶化的态势，还没有跳出经济增长与环境恶化的恶性循环。第三，尽管通过自上而下的监督检查，许多环境违法行为得到处理，但每年仍出现 2 万件的常量。可以说，环境违法没有根绝。第四，环境 NGO 受体制制约，经常受到推行经济增长优先的地方政府的压力，其功能和作用难以充分发挥。综上，我国环境治理虽已开始改革，但总的方面还受制于政治、经济体制改革的约束，存在着结构性障碍，环境问题的最终解决还需时日。

二、我国环境治理结构性缺欠

（一）体制机制上的缺欠。我国首先面临的是市场制度与政治体制本身的不断完善，这是治理环境的首要前提。市场体制的建立面临很多困难，如市场交易费用太高、产权模糊、行政干预过多等。这些因素使环境外部效应内部化的困难加剧，难以建立市场导向型环保激励机制。此外，地方政府的不作为或不当作为仍在加剧，经济目标为主导的压力型体制导致地方官员缺乏环保动力。现行的财政体制导致地方环境治理投入不足，责任追究机制的缺失导致地方政府没有压力强化环境治理。[1]

[1] 李金龙、游高端：《地方政府环境治理能力提升的路径依赖与创新》，载《求实》，2009 年 3 月，第 56—57 页。

（二）贫困问题造成的缺欠。贫穷会使环境问题变得更加复杂，会导致人们对其赖以生存的环境过度索取，必然使环境迅速退化，反过来，又使贫困人口的生存条件更加恶劣，贫穷状态进一步加剧，形成恶性循环。[2][1]地区发展不平衡，也会诱致落后地区不顾自身资源环境条件的限制，急速发展经济以赶上先进地区，环境往往因此而迅速恶化。打破贫困与环境的恶性循环是我们在环境治理中遇到的更大困难。

（三）司法体制缺欠。我国一直坚持司法体制改革，但总的来看，司法体制也存在问题。地方法院在人、财、物上同样受制于地方政府，实际上是以地方政府为核心的大的利益共同体的一员。在这种体制和利益格局支配下，法院要想做到独立审判是很难的，特别是在涉及到地方政府根本利益的案件上要想做到独立审判甚至是不可能的。因为这种格局下，司法系统实际上只是行政系统的附属。[2]

（四）环境侵权的模糊性困境。环境侵权所具有的特殊的模糊性，往往导致针对环境侵权的司法救济成本过高，可称为“环境侵权的模糊性困境”。环境司法的难处表现为起诉难、举证难、鉴定评估难、找鉴定单位难、因果关系认证难、胜诉难、执行难。环境侵权的模糊性表现在：是否受到侵害的模糊性，即发现污染损害难；责任主体认定的模糊性，即发现受到侵害后确定责任主体难；侵害程度的模糊性，即损害鉴定难。

（五）环境 NGO 法律地位困境。我国环境 NGO 的法律法规不完善，缺乏科学有效的监督和管理，环境 NGO 存在和发展的社会基础薄弱。[3]根据《社会团体登记管理条例》和《民办非企业单位登记管理暂行条例》，我国对 NGO 实行双重管理，民政部门负责设立和登记，行业主管部门负责管理。环境 NGO 要想获得法律承认的资格并合法开展活动，须首先在民政部门登记。而登记的前提是 NGO 成立须经业务主管部门同意。问题

---

[1] 聂国卿：《我国转型时期的环境治理对策》，载《华东经济管理》，2002 年 4 月第 16 卷第 2 期，第 32 页。

[2] 童志锋、黄家亮：《通过法律的治理：双重困境与双管齐下》，载《湖南社会科学》，2008 年第 3 期，第 90 页。

[3] 小林、杨建军、周晶：《中国环境非政府组织发展与完善的思考》，载《长安大学学报》（社会科学版），2007 年 6 月第 9 卷第 2 期，第 77 页。

是环境NGO往往很难确定其业务主管部门，经常遭受管理上的互相推诿。[1]法律地位难以确定，法律功能难以彰显。

（六）全球化带来的困境。经济全球化使环境问题的影响亦日益国际化，我国已成为仅次于美国的第二大二氧化碳排放国家，我国受到来自发达国家的要求提高环保标准并承担更多环境义务的压力，这给我国的环境治理工作带来了新的挑战。此外，在国际贸易与投资自由化的条件下，发达国家以确立绿色产业与绿色产品的优势，给我国造成巨大压力。因此，如何在开放条件下防止国内环境的恶化，也是我国环境治理面临的新难题。

三、我国环境治理失效的根因

各种治理手段的应用并未阻止我国环境继续恶化的趋势，根本原因在于两方面：

（一）落后的经济增长方式。一个时期以来，我国环境恶化的主要原因就是采用直线型经济增长模式，长期依赖于高能耗、低产出、高污染的产业结构，其结果是伴随而来的环境的极度恶化，直线型经济模式指导下的制度变迁的路径依赖使“经济发展”和“环境保护”形成尖锐矛盾冲突，导致高昂的治理成本。直线型经济应退出历史舞台，应关注循环经济发展模式。循环经济是将物质和能量进行梯次和闭路循环使用的经济运行模式，污染低排放甚至是零排放。目的就是保护日益稀缺的环境资源，提高环境资源的利用效率。

（二）错误的政绩观。在我国，污染的扩散与错误的政绩观有着紧密联系。长久以来形成的以地方GDP增长速度来衡量和提升政府官员的错误模式，使得政府官员想方设法提高经济增长速度，甚至不惜以牺牲环境为代价。[2]纠正错误的政绩观，关键在于从源头治污，贯彻三点原则：一

[1] 王蕴波：《环境非政府组织参与环境治理的合法性分析》，载《哈尔滨商业大学学报》（社会科学版），2005年第3期，第119页。

[2] 朱珊、邵军义：《我国环境治理政策研究》，载《生态经济》，2008年第3期，第139页。

是加强环保政策，特别是薄弱环节的执行和实施力度；二是采取措施改变经济结构，偏离资源或能源密集型经济；三是保持其在环保方面的努力，成为环保好样板。

四、我国环境治理的结构改革

应当承认，我国环境治理结构存在不少问题，这也是我国目前环境问题和环境危机产生的根本原因。理论上，要想完善我国环境治理结构，需从完善环境治理经济机制入手，坚持市场化和多主体的价值取向，重新界定政府作用，重新界定环境 NGO 作用，通过环境法的转型与发展，促动和保障环境治理结构的改变。

（一）我国环境治理结构的改革与完善

（1）完善环境治理的经济机制。加大环保管理体制改革力度，克服环境治理的政府失灵，首先要强化环境管理部门的独立性与权威性，克服现行管理模式的地方与部门保护弊端。目前，我国设立了直属中央的区域性环境执法机构，履行环境行政检察职能，推行后督察制度，取得一定成效。今后要加强环保执法队伍建设，引进和培养环保专业技术人才，提高执法队伍素质，实现环境管理决策的科学化。要加强对环境执法部门的监督，减少因寻租与腐败行为给环境造成的损失。

市场机制应在环境治理上发挥更大作用，重视产权在环境治理中的功效。一般来说，凡是在技术和制度上能明晰产权的资源，要对其进行明晰的排他性产权界定，避免外部性引发环境问题。目前，对农村地区的山林进行明确产权界定，不仅可以避免滥砍滥伐造成的水土流失，还可以使荒山得到绿化。将产权途径引入环境治理，可以有效地强化市场机制的运行并补充政府干预，促进环境管理优化。

（2）将环境治理与促进经济增长方式转变有机结合，从源头上减少环境问题的产生。我国改革开放以来的经济增长没有摆脱资源消耗型模式，从长远看，缺乏增长后劲，导致严重的环境污染。因此，当务之急是要通过推动技术进步与结构调整促进经济增长方式的转变，形成有利于节约资源、降低能耗、增加效益的国民经济运行体系。要重视在企业层次推行清洁生产方式，从源头上预防和减少污染，减轻环境治理的压力。

（3）充分重视贫困对环境问题的影响，扶贫开发应与生态建设有机结合。首先，落后地区的发展应强调经济利益从属生态利益，但并不能因此以牺牲落后地区的利益为代价。国家须通过地区协调，缓解发展不平衡所带来的矛盾，建立生态保护的补偿机制，使生态保持有偿化和效益化。应大量实行生态移民，减轻落后地区的资源与生态压力。

（4）积极应对全球化给我国环境领域带来的挑战。首先，在解决温室气体排放、生物多样性保护等问题上，积极参与国际合作，树立起负责任的大国形象，维护本国的发展权益，不承担超越发展条件的环境义务。其次，在对外开放过程中，充分利用国外技术与资源优势弥补自身不足，避免成为发达国家污染产业的避难场所，构筑符合国情的环境防火墙。

（5）不断完善司法体制。司法是保障环境治理顺利运行的最后一道防线。应坚持司法改革，维护司法公正和效率，防止司法成为行政的附属，要优化司法职权配置，规范司法行为。按照 2008 年 11 月中央政法委《关于深化司法体制和工作机制改革若干问题的意见》精神，打破司法经费由地方保障的格局，逐步化解司法的地方化难题。

（二）改革的市场化和多主体价值取向

（1）市场取向的制度创新。生态环境是典型的“公共物品”，存在大量的“公共领域”，并出现产权不明，产权安排不合理，产权制度缺位等问题，给“搭便车”等机会主义行为提供了机会，最终导致“公共悲剧”的发生。[1] 解决办法就是通过明晰产权、界定产权，将公共物品转化为私人物品。因私人物品不存在“外部性”，可通过市场机制实现最有效配置。

应当指出，在自然资源领域，市场化取向的环境治理制度创新，关键

[1] 樊根耀：《我国环境治理制度创新的基本取向》，载《求索》，2004 年 12 月，第 115 页。

在于明确自然资源所有权、使用权、管理权和收益权，这些权利是由自然资源的产权制度所决定的。这样，环境治理市场化制度创新，实质上就转化成了自然资源的产权制度的创新，即通过建立有效的制度安排，为参与自然资源开发利用的个体提供一个规范其行为的框架。一般说来，产权制度体系包括行政管理制度安排、产权和交易制度安排以及法律监督制度安排等四个方面。

我国自然资源行政管理制度包括：对公有自然资源的行政性分配；监督实施既定的分配方案。现行的行政管理制度很难达到规范、协调、有效管理。今后如何根据自然资源的特点分配资源，如何通过监督产权的实施，对自然资源的产权制度运行将起到重要作用。

我国自然资源产权安排的典型特征，是单一的国家或集体所有制。事实上，使用权和所有权是相互分离，使得自然资源具有典型的公共品属性。另外，对生态资源收益权、转让权等也缺少相应的规定。今后如何改进成为完善环境治理结构的关键。

排污权交易制度是以生态资源的环境承载力为基础，确定总的排污量上限，按此上限发放排污许可证，然后在二级市场上交易排污许可证，排污者可从自己利益出发，自主决定污染治理水平，从而买入或卖出排污权，最终达到对污染物排放的控制。但在我国现行交易制度无法取得收益，不能有效地调动开发者积极性。今后需开发相关制度和补偿机制予以完善。

（2）治理主体多元化的制度设计。随着市场的不断扩张和市民社会的成熟，多元化的治理主体必将取代以政府为主导的单一治理主体，使大量的社会力量来参与环境治理。这些主体可以是营利性企业、非营利组织和公民个人。需要强调，社会公众的力量具有其特殊的价值。由社会公众形成的社会舆论会直接或间接地对决策者产生影响，并成为制度执行过程中的监督力量。作为一种制衡力量对生态环境治理产生积极影响。

治理主体的多元化的制度安排会改变政府强制性手段为主的治理方式，它更有效、更节约交易成本。值得一提的是，只要承认政府以外的其他主体在治理环境中的地位，那么这些主体自会通过相互作用而形成“自发秩序”。只要能够在法律上承认各主体的环境权益，如环境知情权、环境监督权、环境索赔权、环境议政权等，那么个体就会出于维护自身环境权益的需要，自发地达成各种协议，进而创造出一定的内在规则或制度，突破以强制性制度为主的格局，降低制度运行成本。

治理主体多元化的制度创新，还将道德、舆论监督等引入环境治理，由此产生优势互补效应。需要明确，政府以外的其他治理主体的出现，并非是对政府的替代，而是对政府作用的补充和完善。此外，多元化的治理主体的出现，使得治理活动的信息成本大为降低，在一定程度上提高了制度运行的效率。治理主体多元化还可形成多样化的激励机制，基于道德、利他主义甚至是生态环境至上主义的观点，追求环境效益和经济效益的统一。通过对环境破坏者进行监督与道义谴责，以及对政府环境行政以及司法系统的执法过程的监督，能有效地防止破坏环境行为的发生。

（三）重新定位政府作用

在环境治理中，国家的重要作用在于充当“元治理”的角色，可提供治理的基本规则，保证不同治理机制的兼容性，凭借所拥有的相对垄断性质的组织智慧和信息资源，塑造人们的认知和希望。[1] 为了整合利益，国家还可系统地建立权利关系的新平衡。那么，政府在环境治理中究竟扮演什么样的职能角色，需要重新认知政府，重新界定政府在环境治理中的职能与作用。应当指出，政府职能转变是我国政治转型民主化中一个重要方面，是推行公众参与的体制保证。[2] 具体表现为：

（1）政府应是管制型环境公共物品的重要提供者。为公众和企业提供包括污水处理、废物和垃圾的收集与处理，保证水体、空气、生活环境的清洁优美，保证生态环境的安全等等，是任何现代国家公共服务的基本职能。这些公共服务，通常是私人不愿意提供或经营，或者没有政府帮助，

[1] 张小平：《全球环境治理的法律框架》，法律出版社，2008 年 6 月版，第 369 页。
[2] 颜士鹏：《中国当代社会转型与环境法的发展》，科学出版社，2008 年版，第 121 页。

私人很难承担的，于是由政府直接提供或经营。

（2）政府应是公众与企业合作参与环境治理的倡导者。倡导企业和公众采取环境保护的自觉行动，建立伙伴关系是当前环境保护方面的一个重要趋势。公众和社会团体的监督为政府提供了环境管理实践状况和环境问题状况的信息，实际上增强了政府管理部门监测环境问题和监督环境管理的能力，是政府环境管理行为的有益补充，在一定程度上纠正和避免了政府失灵和市场失灵。

（3）中央政府应成为环境管理地方化及区域合作的积极推行者。因利益所在，中央政府很少主动将环境管理权力下放给地方政府，未赋予地方政府决策及分配预算的权力。换言之，地方政府仅为执行决策的机构，并不具有地方责任。对此，中央政府应积极推行环境管理的地方化，将环境管理权适当下放，让地方政府不仅要承担环保的责任，同时也具有相应的治理权。

（四）重新定位环境 NGO 作用

要完善中国的环境 NGO，须依法明确中国环境 NGO 所具有的特征和作用。

总的来看，中国环境 NGO 具有合法身份，能使组织的管理者对组织作出的承诺负责。非营利性是中国环境 NGO 的鲜明特征，是与其他营利性组织最大的区别，在法律的框架内接受政府的管理和监督。中国环境 NGO 能控制自己所有活动，有不受外部控制的内部管理程序，能严格按照内部管理程序进行运作。中国环境 NGO 活动以志愿为基础，属于自愿行为，主要针对中国的环境问题开展工作，很少关注其他社会问题。

环境 NGO 存在的核心意义，在于它构成了一种与传统政府统治所不同的治理模式，换言之，它构成公共治理秩序中的重要组成部分。[1] 中国环境 NGO 发挥着政府所不具有的重要作用，有效弥补政府工作薄弱环节，是政府在环保领域的重要补充。它能动员社会力量参与环保活动，是环保

[1] 贾西津：《第三次改革——中国非营利部门战略研究》，清华大学出版社，2005 年 8 月版，第 176 页。

领域政府和人民之间的纽带。中国环境 NGO 通过向社会公众提供最新环境信息、传播环境保护理念，提高公众的环保意识。对国家环境政策的制定和实施发挥监督者的角色。对重大环境问题，可进行实际调查，分析评价，提出建议，推动政府决策的科学化。对污染受害者进行法律援助。通过与国际环境 NGO 的合作和交流，提高自身影响力，促进国际环境保护法规的实施。

中国环境 NGO 尚处于发展阶段，社会对其地位和作用的认识程度还比较低，但政府已认识到环境非政府组织是环境保护的一支不可或缺的重要力量。政府应制定有关环境非政府组织的政策和法律法规，促进中国环境非政府组织的健康发展，保护其自主权力和创新能力，保障其合法权益不受侵犯。政府与环境非政府组织之间应建立一种制度化的沟通渠道和交流机制，提高环境非政府组织对政府环境保护工作的影响力，同时政府应加强对环境非政府组织的管理、监督和引导。

五、促进环境法制转型与发展

应当说，我国现代环境法诞生以来，作为应对当时环境问题的法律手段，环境法具有很强的应急性和临时性，加之受计划体制的影响，原则性、抽象性过多过重，行政权力过大过滥，形成政府越管制社会越逃避管制的局面，导致环境治理绩效不足。应当能够看到，环境问题的长期性，决定环境法不可能是暂时的应急之法，在紧急情况下匆忙制定的制度也无法保证一定是稳定和长久的制度。应重新建构我国环境法律制度，保障环境治理的正常运行。

我国学者颜士鹏在明确市场经济条件环境法经济激励确立的正当性的前提下，阐述了环境法经济激励机制的一般原理，指出我国环境经济手段种类不够健全,现行环境立法中规定的经济手段对市场主体刺激力度不够，未能调动市场主体在环境保护方面的主动性和积极性，环境经济手段还留有计划经济色彩，环境立法有待完善。进而主张建立和完善环境税制度、生态补偿制度、押金退款制度、排污权交易制度等，使我国环境法经济激励机制能得以有机地运行。[1]

环境治理是一个“国家、社会、市场”上下互动的管理过程。随着问题的日益复杂，政府“唱独角戏”的局面已难以为继，可采用多元主体多种制度安排的环境治理形式。随着公民社会力量的增强、各种自发的志愿者活动的增多、企业在关注利润的同时更关注环境问题，有理由相信构建环境多中心合作治理模式具有可行性。该模式的实质是通过建立一种在微观领域对政府、市场的作用进行补充或替代的制度形态，使社会力量参与环境治理。构建该模式应从简化政府环境管制，确立环境行政管理综合决策机制，构筑公众参与基础，建立政企合作关系入手，共同推进环境保护的发展。最后，需要强调，环境治理不是万能的，虽然它可以弥补国家和市场在调控过程中的不足，但它也有内在的局限。它不能代替国家而享有强制力，它也不能代替市场而自发地对特殊资源进行有效配置。事实上，有效的环境治理必须建立在国家和市场的基础之上，是对国家和市场化手段的补充。[2]

[1] 颜士鹏：《中国当代社会转型与环境法的发展》，科学出版社，2008 年版，第 189 页。
[2] 俞可平、张胜军：《全球化：全球治理》，社会科学文献出版社，2003 年 6 月版，第 9 页。

结　论

纵观全文，应该看到，环境问题、环境危机已经对国家安全、人类生存安全乃至整个生态系统构成了现实或潜在的威胁。化解环境危机，需要人类共同努力，改变人类的伦理观念，树立人与自然和谐相处的现代伦理观。各国要广泛重视环境安全问题的治理，在环境政策的选择上，确保环境安全战略的制定与实施。各国在环境保护法制的建设上，应按生态人文主义的指导，不断完善法律，保障生态安全、环境安全目标的实现。在环境治理领域，重塑中国环境法治的内涵。按科学发展观要求，构建中国特色的环境治理模式。三十多年的实践证明，环境安全是关系到国家生存发展的一项根本安全，加大对环境治理的投入，建设比较完善的国家环境安全维护体系，推动国际环境合作是大势所趋。

主要参考文献

[1] 滕海键 . 战后美国环境政策史 . 长春：吉林文史出版社，2007.

[2] 蔡守秋 . 欧盟环境政策法律研究 . 武汉：武汉大学出版社，2002.

[3] 钭晓东 . 论环境法功能之进化 . 北京：科学出版社，2008.

[4] 曾建平 . 环境正义发展中国家环境伦理问题研究 . 济南：山东人民出版社，2007.

[5] 仓阪秀史 . 环境政策论 . 日本信山社，2004.

[6] 徐昕 . 纠纷解决与社会和谐 . 北京：法律出版社，2006.

[7] 张文显 . 法哲学范畴研究（修订版）. 北京：中国政法大学出版社，2001.

[8] 伊东俊太郎 . 环境伦理与环境教育 . 日本朝仓书店，2008 年 8.

[9] 韩立新 . 环境价值论 . 昆明：云南人民出版社，2005.

[10] 张小平 . 全球环境治理的法律框架 . 北京：法律出版社，2008.

[11] 王曦 . 国际环境法与比较环境法评论（第 1 卷）. 北京：法律出版社，2002.

[12] 鄢斌 . 社会变迁中的环境法 . 武汉：华中科技大学出版社，2008.

[13] 陈泉生等 . 环境法学基本理论 . 北京：中国环境科学出版社，2004.

[14] 冷罗生 . 日本公害诉讼理论与案例评析 . 上海：商务印书馆，2005.

[15] 肖剑鸣、欧阳光明 . 比较环境法专论 . 北京：中国环境科学出版社，2004.

[16] 范纯 . 法律视野下的日本式经济体制 . 北京：法律出版社，2006.

[17] [日本] 大冢直：环境法（第 2 版）. 有斐阁，2006.

[18] 王立 . 中国环境法的新视角 . 北京：中国检察出版社，2003.

[19] 王小龙 . 排污权交易研究：一个环境法学的视角 . 北京：法律出版社，2008.

[20] 范纯 . 世界主要国家环境保护法律机制略论 . 哈尔滨：黑龙江人民出版社，2010.

[21] 常纪文 . 环境法原论 . 北京：人民出版社，2003.

[22] 齐树洁、林建文 . 环境纠纷解决机制研究 . 厦门:厦门大学出版社，2005.

[23] 汪劲 . 环境正义：丧钟为谁而鸣 . 北京：北京大学出版社，2006.

[24] 杨华 . 中国环境保护政策研究 . 北京：中国财政经济出版社，2007.

[25] 王蓉 . 中国环境法律制度的经济学分析 . 北京：法律出版社，2003.

[26] 颜士鹏 . 中国当代社会转型与环境法的发展 . 北京:科学出版社，2008.

[27] 胡静 . 环境法的正当性与制度选择 . 北京：知识产权出版社，2009.

[28] 张璐 . 环境产业的法律调整——市场化渐进与环境资源法转型 . 北京：科学出版社，2005.

[29] 俞可平、张胜军 . 全球治理 . 北京：社会科学文献出版社，2003.

[30] 别涛 . 环境公益诉讼 . 北京：法律出版社，2007.

[31] 中山研一等 . 环境刑法概说 . 本成文堂，2003.

[32] 蒋兰香 . 环境犯罪基本理论研究 . 北京：知识产权出版社，2008.

[33] 孙国华 . 法的形成与运作原理 . 北京：法律出版社，2003.

[34] 赵秉志、王秀梅、杜澎 . 环境犯罪比较研究 . 北京:法律出版社，2004.

[35] 刘仁文 . 环境资源保护与环境资源犯罪 . 北京：中信出版社，2004.

[36] 郭建安、张桂荣．环境犯罪与环境刑法．北京：群众出版社，2006.

[37] 包晴．中国经济发展中环境污染转移问题法律透视．北京：法律出版社，2010.

[38] 沈守愚、孙佑海．生态法学与生态德学．北京：中国林业出版社，2010.

[39] 杨树明．生态环境保护法制研究．重庆：西南师范大学出版社，2006.

[40] 章海荣．生态伦理与生态美学．上海：复旦大学出版社，2005.

[41] 文同爱．生态社会的环境法保护对象研究．北京：中国法制出版社，2006.

[42] 郑少华．从对峙走向和谐：循环型社会法的形成．北京：科学出版社，2005.

[43] 何康林．环境科学导论．北京：中国矿业大学出版社，2005.

[44] 吴彩斌、雷恒毅、宁平．环境学概论．北京：中国环境科学出版社，2005.

[45] 解振华．国家环境安全战略报告．北京：中国环境科学出版社，2005.

[46] 孙军工．循环经济法治化探析．北京：法律出版社，2008.

[47] 俞金香、何文杰、武晓红．循环经济法制保障研究．北京：法律出版社，2009.

[48] 林群慧、金时．新环境问题研究．北京：中国环境科学出版社，2005.

[49] 林灿铃．国际环境法．北京：人民出版社，2004.

[50] 王树义．俄罗斯生态法．武汉：武汉大学出版社，2001.

[51] 张锋．生态补偿法律保障机制研究．北京：中国环境科学出版社，2010.

后　记

针对日益严重的环境危机，近年来，我和研究生刘洋、吕思杨、崔阳、张俭、刘颖等同学从环境伦理、环境政策、环境诉讼、环境刑法、环境治理等角度开展了深入研究，试图寻求最佳解决对策，但往往事与愿违，理论上研究的成果未必能在短期内转化为实践动力。不管怎样，作为学者的任务和天职，就是要把复杂的问题与理论明晰化、简单化，着眼社会群体的普遍接受度。本书若能成为社会群体的益友，社会大众若能从人类生存安全、生态环境安全、国家安全角度自觉保护环境，从身边小事做起，那将是对我们团队的莫大鼓励。爱护生态环境，人人有责，维护生态安全，人人有份，愿与大家共勉。

图书在版编目（CIP）数据

环境危机与环境安全/范纯，杨博超著.—北京：国际文化出版公司，2013.6（2024.5重印）
（国家安全知识简明读本）
ISBN 978-7-5125-0281-9

Ⅰ.①环… Ⅱ.①范…②杨… Ⅲ.①环境危机-基本知识-中国②环境管理-基础知识-中国 Ⅳ.①X321.2

中国版本图书馆CIP数据核字（2013）第064088号

国家安全知识简明读本·环境危机与环境安全

作　　者	范　纯　杨博超
责任编辑	戴　婕
特约策划	马燕冰
统筹监制	葛宏峰　刘　毅　刘露芳
策划编辑	周　贺
美术编辑	李丹丹
出版发行	国际文化出版公司
经　　销	国文润华文化传媒（北京）有限责任公司
印　　刷	三河市同力彩印有限公司
开　　本	700毫米×1000毫米　16开 10.5印张　142千字
版　　次	2014年9月第1版 2024年5月第3次印刷
书　　号	ISBN 978-7-5125-0281-9
定　　价	39.80元

国际文化出版公司
北京市朝阳区东土城路乙9号　邮编：100013
总编室：（010）64270995　传真：（010）64270995
销售热线：（010）64271187
传真：（010）64271187-800
E-mail：icpc@95777.sina.net